家庭对儿童心理发展影响研究

常莉俊◎著

北京工业大学出版社

图书在版编目(CIP)数据

家庭对儿童心理发展影响研究 / 常莉俊著. —北京：北京工业大学出版社，2021.10 重印

ISBN 978-7-5639-6575-5

Ⅰ.①家… Ⅱ.①常… Ⅲ.①家庭教育－影响－儿童心理学－研究 Ⅳ.① B844.1

中国版本图书馆 CIP 数据核字（2019）第 022565 号

家庭对儿童心理发展影响研究

著　　者：	常莉俊
责任编辑：	张　贤
封面设计：	腾博传媒
出版发行：	北京工业大学出版社
	（北京市朝阳区平乐园 100 号　邮编 100124）
	010-67391722（传真）　bgdcbs@sina.com
经销单位：	全国各地新华书店
承印单位：	三河市元兴印务有限公司
开　　本：	787 毫米 ×1092 毫米　1/16
印　　张：	9.5
字　　数：	200 千字
版　　次：	2021 年 10 月第 1 版
印　　次：	2021 年 10 月第 2 次印刷
标准书号：	ISBN 978-7-5639-6575-5
定　　价：	45.00 元

版权所有　翻印必究

（如发现印装质量问题，请寄本社发行部调换 010-67391106）

前　言

当今子女在家庭中处于优势地位，父母的过分宠爱、过度保护、过多照顾、过高期望使他们承受着来自成人世界的相当大的心理压力。又加上许多家庭的孩子都是独生子女，缺少兄弟姐妹之间的交流和互相影响、互相制约，导致他们在心理方面有许多欠缺，如任性、懒惰、依赖、不合群等。同时，许多家长不具备科学的家庭教育知识，在实践中往往凭个人感觉和传统经验来施教，这使得家庭教育出现了一些问题，产生了一些误区。因此，针对家庭对儿童心理发展的影响进行研究具有重要意义。

本书针对儿童的心理健康发展与家庭教育问题进行了研究。首先对儿童阶段性的心理发展特征、家庭教养行为与儿童心理发展的关系进行了阐述；其次讨论了父亲在儿童成长过程中所担任的角色及其责任、父亲参与教养对儿童心理发展的影响；再次分析了"二孩"政策全面实施之后对家庭的影响，对如何对两个孩子进行更好的教育提出了建议；最后针对离异家庭、流动家庭子女的教养方式及对儿童心理发展产生的影响进行了研究。作者希望通过这些研究促进家庭教育水平的提升，使儿童心理能够更加健康地发展。

本书系"北京师范大学珠海分校教师科研能力促进计划"项目的研究成果。

本书共五章约 20 万字。作者在撰写本书的过程中，借鉴了部分专家、学者的一些研究成果和著述内容，在此表示衷心的感谢。由于作者水平有限，书中难免存在不足之处，恳请广大读者批评指正！

目　录

第一章　家庭与儿童心理的发展 …………………………………………… 1
　　第一节　儿童的阶段性发展及其心理特点 ……………………………… 1
　　第二节　家庭生命周期与儿童心理发展 ………………………………… 9
　　第三节　父母教养行为与儿童心理发展 ………………………………… 17
　　第四节　家庭结构与功能的变迁 ………………………………………… 24

第二章　父亲角色与儿童心理发展 ………………………………………… 32
　　第一节　父亲的角色与责任 ……………………………………………… 32
　　第二节　父亲参与教养与儿童心理发展 ………………………………… 42
　　第三节　父子关系与儿童心理发展 ……………………………………… 51
　　第四节　父亲教养质量的提高策略 ……………………………………… 56

第三章　"二孩"家庭父母教养与儿童心理发展 ………………………… 63
　　第一节　"二孩"政策对中国家庭的影响 ……………………………… 63
　　第二节　"二孩"家庭父母教养对儿童发展的影响 …………………… 71
　　第三节　"二孩"家庭子女教育的辅导策略 …………………………… 75

第四章　离异家庭父母教养与儿童心理发展 ……………………………… 86
　　第一节　离异家庭对儿童心理发展的影响 ……………………………… 86
　　第二节　离异家庭子女教育研究 ………………………………………… 95
　　第三节　离异家庭儿童心理适应能力的提升对策 ……………………… 103

第五章　流动家庭父母教养与儿童心理发展 ……………………………… 115
　　第一节　流动儿童心理适应过程分析 …………………………………… 115
　　第二节　流动家庭子女教育与儿童心理发展 …………………………… 125
　　第三节　流动儿童心理健康发展的家庭教育对策 ……………………… 137

参考文献 ……………………………………………………………………… 146

第一章　家庭与儿童心理的发展

家庭是儿童早期生活最基本的环境，是儿童最早的心理成长、发展的场所。每个个体都是在家庭的陪伴下逐渐成长、发展的。当个体在不同的发展阶段，家庭对个体心理发展的影响作用不同时，个体始终不会也不可能脱离家庭的影响而成长和发展。家庭文化中的方方面面对儿童的心理成长不仅作用重大，还不可取代。国内外研究证明，儿童早期的生活经验，将深刻地影响其整个人生。因此，研究儿童在家庭中的心理成长环境，以及其家庭中各成长环境对儿童未来发展的指导极为重要。

第一节　儿童的阶段性发展及其心理特点

儿童期是人生发展的重要阶段，儿童因其各方面特征的发展性以及个体的差异性而具有多方面的属性，因此，人们对儿童发展的看法也往往是千差万别的。所谓儿童观不单纯指对儿童某一个属性的特定看法，而是指成人对儿童的认识、看法以及与儿童有关的一系列观念的总和。儿童观包括对儿童发展的看法、对儿童主观能动性的认识和对合格儿童的标准的认识，它也表现为家长的子女观和教育者的学生观。儿童观问题从根本上来说是人类自我意识中的重要内容，从一个时代或一种文化的儿童观那里，我们可以大致看到处于该时代的特有的文化观念。儿童观是儿童教育理论体系建立的重要出发点，是构建儿童教育课程方案的基本依据，也是教育、教学方法论和教育实践不可缺少的根本指导思想。

一、儿童心理发展是在适宜环境中的自然表现

蒙台梭利认为儿童具有极强的、天赋的潜能，儿童的身心是按自身发展的特殊规律完成的，这种发展具有"心理胚胎期""潜在的能力""吸收性心理"和"肉体化过程"几个特点。

（一）儿童心理发展具有心理胚胎期

蒙台梭利认为人有双重"胚胎期"：一种是"生理的胚胎期"，在出生之前与动物相同，由一个细胞分裂成为许多细胞，然后形成各种器官，发育成胎儿；另一种是"心理的（或精神的）胚胎期"，在出生之后是人类所特有的，它是一种积极地、能动地从周围环境中吸收各种事物印象的感受能力，有了心理或精神胚胎，才有以后儿童心理的发展。蒙台梭利认为心理胚胎与生理胚胎的发展相同，心理或精神胚胎的发展无论其质量还是数量，都以一种以后所没有的令人惊异的速度发展。

蒙台梭利将儿童0~3岁这一时期称为"心理胚胎期"，她认为这一阶段儿童的心理发展，与出生前胎儿在母体内身体方面的发展非常相似：最初时一无所有，经过吸取外界的刺激和信息，形成许多感受点和心理活动所需要的器官，然后才逐渐产生心理。蒙台梭利认为儿童的这种精神胚胎只会在发育的过程当中显露出来，如同生理胚胎期需要在母亲的子宫内才能成长一样，"心理胚胎"的发展也需要一个特殊的环境，即需要外界环境的保护而不受损伤。因此，蒙台梭利认为："儿童不是由于受到抚育或处在适宜的条件之中生长的，他们的生长是由于产生生命的'胚芽'在发展。"儿童的发展不是由于偶然的机遇而实现的，他们是由内部潜力所驱使的复杂过程，是一种内驱力的成熟和发展与外界环境交互作用的结果，因此儿童需要较长的时间秘密建构自己的心智。在蒙台梭利看来，母亲带来的只是儿童的身体，是儿童创造了自己的心理，是儿童吸收了周围世界的材料并将它塑造为未来的人。成人不是建设者，仅仅是建设这一过程的合作者。

（二）儿童心理发展受到潜在生命力的指导

蒙台梭利认为，儿童的成长是因为他们的体内存在着与生俱来的"生命潜力"，又称作"内在生命力"或"内在潜能"。这种生命力是积极的和发展着的存在，是一种指导性的本能，规定着个体发展的准则。儿童自己就能够在这种生命力的爆发下成长，而且不同的儿童潜能各不相同。正是这种生命力本能的自发冲动，促进着个体不断发展，使儿童逐渐出现各种心理现象并形成复杂的心理现象系统。蒙台梭利说："无论是物种或个体，发展的起因都置于自身之中，儿童并不会由于养育，由于呼吸，由于被置于适宜的温度之下而生长。他们的生长是由于内在生命潜力的发展，使生命力呈现出来，他们的生命力就是按照遗传确定的生物学的规律发展起来的。"

蒙台梭利非常重视"潜在生命力"在儿童身心发展中的重要意义，把它说成是生命发展的原动力，是通过儿童的自发活动表现出来的，教育的任务就在于激发和促进儿童这种潜力的发展。正是基于此种观点，蒙台梭利所有的教育理论和方法都是建立在较少干预儿童主动活动的基础之上，她认为如果不能做到这一点，则"潜在生命力"就不能很好地分化和发展，表现在个体身上就是心理发展出现障碍，难以形成健康的心理。

（三）儿童通过吸收性心理发展内部的精神力量

蒙台梭利认为儿童具有一种下意识的感受能力，积极地和有选择地对外部世界进行吸收，成为他们自己心理的一部分，因此，蒙台梭利把儿童的心理称为"有吸收力的心理"。儿童在直接从他们所处的物理和社会环境中吸收经验的同时，发展了内部的精神力量，正如蒙台梭利所定义的，"印象不仅仅进入他们的心理，而且形成心理"。它们被儿童纳入自己的体内，变成儿童自身的一部分，并且创造了自己的"精神肌肉"，用于吸收从周围世界中积累的经验。蒙台梭利指出，儿童早期的心理是无意识的，而且具有吸收性的能力，他们不断地自发地按照自己的本性、自己的尺度、自己的机制将周围环境中的一切信息进行筛选、加工，固结于自己的心理世界，因而这种吸收性的心理是极富智慧的。

蒙台梭利对儿童心理吸收力的提出很大程度上借鉴了胚胎发生学的理论，因为吸收的本意是指有机体对食物与营养的吸收。所有的哺乳动物的生命都是从最初的单个细胞通过吸收自己需要的东西逐渐形成的，机体本身在一开始是并不存在的，是胚胎"吸收"然后创造性地建构了一个崭新的生命。同样地，当生物超越胚胎而达到成体以后，它也是通过吸收进食的一切来自外界的养料才逐渐壮大，但这些来自外界的养料再精美、再富含营养也并不能直接地成为机体的一部分，它必须经过机体消化器官的吸收方能完成其不断生长的过程。正是在此意义上，蒙台梭利认为："儿童的心理也是从无到有的，这种'无'中生'有'的过程正是一个基于'吸收力'而进行的创造性的过程，这一过程的建构性和能动性是显而易见的。"

蒙台梭利曾说从外界吸收各种特性是一个至关重要的现象，童年期所建构起的心理模型是一种雏形的心理浓缩，成人以后的所有发展都只不过是这种前期浓缩的后续展开和后续建构，"吸收"的融合特性决定了童年在人一生中的不可替代的重要性。所以，蒙台梭利认为，儿童的发展是一种主动性的活动，不是成人所强加的，不能任凭成人和外界环境去填补和塑造，是"儿童吸取了周围世界环境中的养料并将其塑造成未来的人"。因此，教育者应该仔细地观察儿童、研究儿童、了解儿童的内心世界，发现"童年的秘密"。儿童虽然具有不断地同外界环境相互作用的生长潜能，这是一种具有动力系统的、追求自我表达的生物学潜能，这种生物学潜能像种子一样生长着，它自己建设自己，但是它也离不开适宜的外部环境的帮助。所以，蒙台梭利认为应"创造一个适宜的环境，这个环境将促进儿童的天赋的发展，这应该是所有未来教育的基础和出发点"。在这样的环境中，儿童才能根据自己的需要，按照生长规律从环境中吸取营养。

（四）儿童心理发展具有肉体化过程

心理活动是以人的生理机制为物质基础的，对于儿童来说，身体的各部分能够随自己的意志而行动自如是很重要的。然而，儿童身体不能行动自如的原因不是身体虚弱，而是感觉器官与大脑、大脑与肌肉联结的神经组织尚不健全，也就是说，由于神经系统不发达，大脑不能支配身体，所以身体不能行动自如。肉体化就是指儿童的身体逐渐在自己意志的支配下发生行动和行动自如的过程，蒙台梭利把这一过程认为是形成人格的过程。蒙台梭利一再强调，身体随着意念而行动，虽然从表面上看是得益于身体的发展，然而其本质却是精神的发展，即神经系统的发展使得身体的各部分能够行动，是大脑的发展支配着身体各部分的行动。

蒙台梭利认为新生儿的身体、手、足无法自如活动，是因为他们的精神还不能对身体各器官起到支配作用，但新生儿眼、耳、鼻、手、足的外形都已具备，所以新生儿就已经处在自如活动的准备状态，即新生儿具备肉体化的可能并进入了肉体化的准备状态。"婴儿最先开始启动的机能是感觉器官"，他们通过自己的感觉器官从环境中吸收必需的东西，并通过所吸收的东西促进指挥各器官运作的大脑中枢及联结中枢与各器官的神经逐渐发达，从而使儿童的精神得到发展，随之身体也就开始随意志而行动。正如著名儿童心理学家皮亚杰所说："心理的生长同身体的生长是分不开的，特别是神经系统和内分泌系统的成熟会一直延续到十六岁。"蒙台梭利关于儿童心理发展是天赋能力在适宜环境中的自然表现的观点是她的儿童观思想的核心内容和基本部分。

二、儿童心理发展具有阶段性

蒙台梭利指出，儿童心理发展存在着连续性，即不仅是指一个阶段内儿童内部量的增加是连续的，还指两个相邻阶段之间质的变化也是连续的。相邻两个阶段之间的变化并无明显的分界线，而且这种连续性贯彻儿童发展的始终，同时，这种发展变化具有阶段性。儿童在其发展变化的每一阶段都表现出与另一阶段明显不同的特点，前一个阶段是后一个阶段的准备，为后一个阶段奠定基础。后一阶段的发展是以前各个阶段充分发展的积累和延续，各个发展阶段不仅是相互连续的，同时又是相互区别的。蒙台梭利将这一连续发展的过程划分成以下几个不同的阶段。

（一）幼儿阶段

这是儿童心理发展的第一个阶段，这一阶段是儿童为适应环境而自我变化并转换形象的时期，根据儿童是否有意识地适应环境，这一阶段又可以分为两个时期，即0～3岁无意识地适应环境的时期和3～6岁有意识地吸收环境的时期。

1. 无意识地适应环境的心理阶段

蒙台梭利认为儿童获得的印象和心理的开放性互相配合，每一个发展时期里的自然感受性和倾向达到一致，才能促进儿童的学习。儿童最初是借助于有吸收力的心理，即借助于吸收能力来适应生活的，他们无意识地去感受周围环境中各种事物的特征，以获得大量印象。在这一时期，儿童的各种能力都是分别地、独立地发展着，而个性的统一只有在各部分发展完成的时候才能出现。

2. 有意识地吸收环境的心理阶段

这一时期的心理发展是一个从无意识到有意识地发展时期。儿童虽然仍然不断地从环境中吸取印象，但已不仅仅依靠感觉，还要依靠肢体，他们已经能有意识地利用环境，将无意识获得的东西予以有意识地加工和充实。同时，他们也通过各种活动，一步一步地发展自己的心理，获得记忆力、理解力，并能在成人的帮助下，对社会和文化学习产生兴趣。他们开始很自然地去主动接近成人，尊重成人和耐心听取成人的教导，并为此感到愉快，于是，儿童的个性开始慢慢地形成。

（二）儿童阶段

蒙台梭利认为这一阶段是儿童在安宁幸福的心态下，开始有意识地学习的阶段，是儿童增长学识和艺术才能的阶段。他们开始对宇宙的各种自然现象及其相互关系产生浓厚的兴趣，但对人的行动更感兴趣，并开始注意周围事物的因果关系，"怎样"和"为什么"几乎占据了儿童头脑的全部空间。这一阶段儿童具有三个明显的特征：一是要求离开过去那种狭小的生活圈子，二是开始具有抽象思维能力，三是产生道德意识和社会感。因此，蒙台梭利要求扩大他们的生活范围，把对他们的教育从早期的感觉练习转向抽象的智力活动，并用道德标准和社会规范来要求他们。

（三）青春阶段

蒙台梭利认为这一阶段是儿童社交关系的敏感时期，在这一阶段儿童强烈地意识到自己是社会团体的一员，并开始具备自尊心、自信心，他们已经能根据自己的兴趣探索事物，有了自己的想法，能意识到自己属于一定的组织。因此，蒙台梭利主张在个体发展的青春期，必须重视对他们进行社会性训练，要创造条件使他们与同伴相处，使他们有广泛的社会生活，学习适应社会，成为合格的社会一员。

儿童在某一阶段所具有的不同于其他阶段的精神形式和精神内容，就构成这一阶段特有的儿童精神形态。所以，蒙台梭利认为应该看到处于心理发展不同阶段的儿童对环境的要求和与环境相互作用的方式有着本质的不同，应该为处于不同心理发展阶段的儿童提供各不相同的、适合一定心理发展特点的"有准备的环境"，教育要具有连贯性和继承性，要注意儿童先前的生活经验和已有的知识，要发现儿童发展中的弱点和转折点，以便更好地对其进行指导性的尝试。儿童的心理发展并不是简单的、线性的，而是充满着变革和创造性的综合的动态过程，它使儿童提高到一个新的进化高度，按照蒙台梭利的观点，儿童发展就是一系列连续不断的再生，不同的阶段需要不同的"土壤"和"气候"条件，需要不同的环境和教育引导。

三、儿童心理发展经历的不同时期

敏感期指在生物的发展过程中，对环境中某事物的感受性极其敏锐，产生无法抗拒的冲动，而其器官的机能也急速发展的时期。荷兰生物学家德弗里从动物身上发现了敏感期，蒙台梭利从中受到很大的启发，她经过反复观察和实验，发现儿童也有敏感期。她认为敏感期指一个生物刚生下来还在成长的时候所获得的一种特别的感觉力，结合医学、心理学等知识和"儿童之家"的教育实验，她进一步探索了儿童心理发展的敏感期。蒙台梭利指出，儿童心理的发展不是偶然发生的，也不是由外界刺激引起的，而是受短暂的敏感性，即与获得某种特性的相关的暂时的本能引导的。儿童在其敏感期内，学会自我调节和掌握某些东西，使儿童以一种极其强烈的程度接触外部世界，使儿童轻松地学会每一样事情，对一切都充满了活力和激情。蒙台梭利认为"儿童在敏感期里会有一些收获，并使他用一种特殊强烈的方式与外部世界发生关系，于是，一切都变成是容易的、热情的和充满活力的，每一次努力都是力量的增加"。蒙台梭利也指出这些阶段是过渡性的，"当这些心理上的激情耗竭时，另一些激情又被激起"。在人的一生中，敏感期是获得各种能力的最佳时期。

蒙台梭利认为儿童在这些敏感期内，之所以都有一种各不相同的特殊的感受能力，能将自己的注意力集中到这一事物上来，并表现出极大的耐心，而对其他事物则漠不关心，根本原因是在一定的时期由于本能与一定的外部特征之间密切联系而产生的，是从无意识的深处产生出来的一种热情。

蒙台梭利发现，儿童的一切心理、技能的培养和训练如恰逢其时，其教育效率就相当高。反之,错过心理敏感期,儿童对训练的反应则迟钝,更有甚者会导致后期的心理缺陷。总之,敏感期是某种潜在能力爆发式的展示期和突飞猛进的进步期,在最初的两三年里,儿童可能受到一些将改变其未来的影响。蒙台梭利认为儿童各种敏感期的出现具有一定的顺序性和延续性,在某一敏感期内,某种能力的发展将为下一个敏感期的发展奠定一定的基础,儿童就是通过经历一个又一个敏感期而不断得到发展的。

(一)语言敏感期

这是儿童一种无意识吸收语言的倾向和能力,在出生后两个月就开始表现出来,2岁至2岁半最为明显,一直可持续到6岁以后。婴儿刚开始是牙牙学语,然后说词,接着将两个词组成句子,再就是模仿更复杂的句子,这些阶段是以连续的方式出现的,不会截然分开。虽然学习语言对成人来说,是件困难的大工程,但儿童能容易地学会母语,正因为儿童具有自然所赋予的语言敏感力,在蒙台梭利看来,语言能力的获得和运用,是儿童智力发展的外部表现之一,语言能力影响孩子的表达能力,为日后的人际关系奠定了良好的基础。

(二)秩序敏感期

这是儿童对周围环境中秩序的特殊爱好,儿童通过这种特殊爱好可以辨别事物应占据的具体位置以及事物之间的关系,这种敏感性出现于儿童出生后的第一年,甚至前几个月,可一直持续到4岁,以3岁时最为明显。儿童在这一阶段从一种向内的秩序感受逐渐转向对外在事物的秩序形式、格局特别关注,有强烈的追求外在事物秩序化的欲望,当事物已有的秩序被打乱时,儿童就会表现出极度的不安和焦虑,甚至大哭不止。蒙台梭利认为,这是一种内部的感觉,这种感觉能够区别各种物体之间的关系,而不是物体本身,由此形成了一个整体环境,在这个环境中各个部分相互依存。可见这时儿童已初步发现外在事物间具有一定的规则关系,而且极力地维护这种关系,并在对规则的追求中获得一种快感。

当然蒙台梭利讲的"秩序"并不单指把物品放在适当的地方,还包括遵守生活的规律,理解事物的时间、空间的关系以及儿童在生活中要对千百件物体进行分类,并找出它们之间的联系。蒙台梭利在观察中发现儿童的秩序敏感力常表现在对顺序性、生活习惯、所有物的要求上,她认为如果成人未能提供一个有序的环境,儿童便没有一个基础以建立起对各种关系的知觉。当孩子从环境中逐步建立起内在秩序时,就能把他的各种感受分门别类,并在头脑中形成一个概念范围,以理解和应付周围的现实生活,并逐步达到智能的建构。因此在学校里,每件东西不仅都有固定的位置,还规定了具体的动作程序、使用物体的规则和取放的方法,以适应儿童对秩序的敏感性。蒙台梭利相信如果儿童的生活有规律,有固定的方式,有稳定的反应,不但可使儿童感到安全,而且还有助于他们了解周围的世界,养成有秩序的习惯和按习惯的方式来行事,并形成自己的个性。

（三）感官敏感期

蒙台梭利认为感觉的敏感期是从出生到6岁,其中在2岁到2岁半达到高峰,孩子从出生起,就会借着听觉、视觉、味觉、触觉等感官来熟悉环境、了解事物。3岁前,孩子透过潜意识的"吸收性心理"吸收周围事物;3~6岁则更能透过感官判断环境里的事物。因此,蒙台梭利设计了许多感官教具,如听觉筒、触觉板等以敏锐孩子的感官,引导孩子自己产生智慧。对于她的感官训练中的器具和方法,蒙台梭利在很大程度上得感谢实验心理学中使用的器具和方法的启发,不过实验心理学的出发点和感官训练的出发点是不同的,实验心理学检验感觉能力,而不是为了改进和提高它们,蒙台梭利则对检验不感兴趣,她的兴趣在于进一步发展这些能力。她认为感觉是人与环境交往的唯一渠道,是观察力的组成部分,通过感觉训练才能把人培养成良好的观察者,甚至认为"实践经验几乎就等于感觉训练"。基于此,她反复强调感觉教育的重要性,认为感觉训练是这个时期学习的主要方法,可以直接用感觉刺激法促使儿童的感觉得到合理的发展,为建立一种积极的心理状态打下基础。

（四）动作敏感期

这一敏感期早在婴儿出生后的三个月就出现了,1~3岁之间进入最活跃的时期,一直可持续到6岁。2岁的孩子已经会走路,最是活泼好动的时期,父母应充分让孩子学会运动,使其肢体动作正确、熟练,并帮助其左右脑均衡发展。除了大肌肉的训练,蒙台梭利则更强调小肌肉的练习,即手眼协调的细微动作教育,不仅能帮助孩子养成良好的动作习惯,也能促进其智力的发展。

（五）社会规范敏感期

2岁半的孩子逐渐脱离以自我为中心,而对结交朋友、群体活动有了明确倾向。这时,父母应与孩子建立明确的生活规范、日常礼节,使他们日后能遵守社会规范,拥有自律的生活。

（六）书写敏感期

蒙台梭利认为正常儿童的肌肉感觉在儿童期最容易发展,这就使儿童掌握书写技能非常容易。在书写活动中，儿童把声音转换成具体的符号和完成某种运动，对儿童来说，这一个过程比较容易，并常常是愉快的事。根据蒙台梭利的观点，书写并不仅仅是临摹，重要的是书写能表达思想。书写包括两种类型的运动，临摹字母形状的运动和熟练使用书写工具的运动，除了这两种运动，还要加上语音听写。每一个基本运动的准备练习，都必须在实际开始书写之前，单独计划好并付诸实行。

（七）阅读敏感期

孩子的书写与阅读能力发展虽然较迟，但如果孩子在语言、感官、肢体等动作敏感期内，得到了充足的学习，其书写、阅读能力便会自然产生。此时，父母可多选择读物，创造一个学习的环境，使孩子养成爱阅读的好习惯，成为一个学识渊博的人。

（八）文化敏感期

蒙台梭利指出儿童对文化学习的兴趣萌芽于3岁，但是到了6岁则出现探索事物的强烈要求，一直持续到9岁，因此，这时期孩子的心智就像一块肥沃的田地，准备接受大量的文化播种。父母可在此时提供丰富的文化资讯，以本土文化为基础，延伸至关怀世界的大胸怀。

敏感期不仅是儿童学习的关键期，也是影响其心灵、人格发展的特殊时期，父母应尊重自然赋予儿童的行为和动作，并提供必要的帮助，以免错失一生仅有的一次特别生命力。在蒙台梭利看来，敏感期是一种与成长密切相关并和一定年龄相适应的现象，它只持续一个短暂的时期就会消失，而且只要消失就永远不会重新出现。不同的心理现象敏感期出现的时间不同，不同的个体同一心理现象的敏感期也不完全相同。因此，要正确合理加以利用。

第二节　家庭生命周期与儿童心理发展

儿童心理是一个不断运动、变化、发展的过程，随着一个具体家庭的诞生而诞生，并随着这个具体家庭的变化而变化，这就是家庭生命周期对儿童心理发展的作用力量，体现了家庭教育不同于社会教育和学校教育的独特性之一。儿童心理发展与家庭生命周期具有唇齿相依的关系，它们之间相互影响、相互作用，反映了家庭教育固有的规律性。在每一个家庭生命周期阶段，孩子具有发展周期，家长也具有发展周期，他们之间存在着丰富的动态关系并影响着儿童心理的发展。家庭教育指导者在接受家庭教育咨询过程中，从家庭生命周期和儿童心理发展阶段两个视角观察、分析和审视问题，将有助于理解和解释许多家庭教育现象和问题。

一、家庭生命周期理论概述

（一）家庭生命周期理论的概念

在家庭社会学的研究领域中，大多数学者都采用结构功能理论、社会冲突理论、符号互动理论、社会交换理论和现代化理论对家庭变迁过程进行解释，但这些理论和分析范式或多或少地存在一定的缺陷。因此，需要使用更为综合的视角来解释家庭的变迁，也称之为发展参考理论。发展理论并不是一个精确的、专门的框架，而是一个想跨越几种方法综合其共同点，使之成为一个统一体的框架。它的理论来源是较为复杂的，从农村社会学者那里借来了家庭生命周期的概念，从儿童心理学和人类发展专家那里引来了发展需求和任务的概念，从社会学家的著作中采集了关于家庭的综合概念，还有从结构—功能和符号互动理论中借用了年龄、性别角色、功能先决条件和一些关于家庭作为一种互动组织的概念。

发展理论着眼于各个家庭的整个存在过程中经常不断地变化，而且主要以家庭系统内部动力的相互作用来解释这些变化，与此同时发展论也不能忽略社会环境的作用，即如何分析外部因素对家庭内部变化的影响。发展理论试图解释家庭现象中社会—制度的、互动—合作的和独立—个性变化中的东西。事实上，它在很大程度上概括并兼顾了宏观分析和微观分析的两个方面。这种在方法上的特点是它在解释各个时期不同的家庭阶段及其相互作用的同时，解释了不同时期家庭的变迁。这种从时间角度分析家庭的主要概念被称之为家庭生命周期。

按照发展理论的家庭学说，家庭变迁的基本动力来自家庭人口统计资料所反映的各种事件，如婚嫁、生育、子女的成长和达到具有重大社会意义的不同年龄阈限以及配偶的衰老。家庭发展理论认为家庭有其自身的产生、发展和自然结束的运动过程，这就是家庭生命周期。家庭生命周期理论认为家庭在不同的生命周期阶段上有不同的内容和任务，但没有将家庭生命周期框定为几个固定的阶段，其理论具有较强的开放性，即可以按照研究内容和研究目的，选择和划定需要的家庭生命周期，这样家庭生命周期理论比其他的家庭社会学理论具有更强的适用性。

经典家庭生命周期理论是将家庭生命周期按照核心家庭的历史，从结婚至配偶死亡导致解体，划分为形成、扩展、扩展完成、收缩、收缩完成和解体六个阶段。

在当代国内外研究中，家庭生命周期作为研究者认识、辨别、区分和归类的一种方法有非常广泛的应用。家庭生命周期不只是一个概念工作，还可以使用经验研究等实证方法来测量和证明。并且,家庭生命周期没有一个固定的划分标准和模式,任何研究者都可以根据研究内容、研究目的和研究对象,对家庭生命周期加以细化、分割,使之能够适用于解释各种文化和社会环境的要求。但所有家庭生命周期的设定,都是基于同一个假设,即家庭的过程性和可分割性。所谓的过程性是指无论家庭生命周期如何划分,都必须经历从产生到消亡的过程。所谓的可分割性是指可以使用家庭过程中的重大事件将其分成不同的发展阶段,每个发展阶段皆有其独特特征。在同一个假设下,研究者们划分出了各种各样的家庭生命周期类型。

对发展理论框架的批判,特别是对于家庭生命周期的批判,认为这种理论框架是基于核心家庭和稳定婚姻的前提,而这种前提条件往往是不成立的,尤其是在一些扩展家庭比例很高的国家,如印度,并不存在明显的周期划分。同时该理论也无法解释与众不同的家庭模式,如丁克家庭。

（二）家庭生命周期理论的源起和发展

虽然家庭生命周期在社会学研究中有着广泛的应用,但家庭生命周期最初的雏形是1903年朗特里用来解释贫困是如何产生的。在他对贫困的研究中发现,贫困与家庭所处的阶段有密切的联系。人们在一些特殊阶段,如尚未成年、养育子女、进入老年等阶段,消费大于收入的可能性更大,容易陷入贫困,时至今日,仍然有研究者使用这种方法来解释贫困的差异性。朗特里将人的一生按照年龄从出生到死亡分成九个阶段,并分析贫困产生的差异性。这种划分方法从严格意义上来说,并不是家庭的生命周期,而是依照个人的生命历程进行的划分,但他把家庭的重大事件对个人从贫困—不贫困之间转换的分析思路,直接影响到后来家庭生命周期理论的发展。所以,在所有的家庭生命周期分析中,事件和转换都是最为重要的指标。

摩菲和斯物普尔斯将家庭生命周期理论的发展分为三个发展阶段。第一个阶段是家庭生命周期理论初创时期,其代表有：索罗金、齐莫曼和盖尔平在1931年将家庭生命周期划分为刚成为经济上独立的已婚夫妻家庭、有一个或者多个子女的夫妻家庭、有一个或者多个自食其力的子女的夫妻家庭和老年夫妻家庭四个阶段；柯克帕特里克、考尔斯和图赫在1934年将家庭生命周期分为学前家庭、小学家庭、中学家庭和成年人家庭；洛米斯在1936年将家庭生命周期划分为处于生育年龄的无子女夫妻家庭、有未成年子女夫妻家庭、有成年子女夫妻家庭和老年夫妻家庭四个阶段。这三个代表人物划分家庭生命周期的共同特点是依据家庭中的子女状况予以划分,对家庭中夫妻所处的状况考虑较少,也没有提出非常严谨的概念界定和对家庭生命周期各阶段的解读。

因此，从严格意义上说，初创时期的家庭生命周期理论是将个人生命历程，或者家庭子女生命历程与家庭夫妻关系混搭的一种研究模型，而且这些研究者们虽然提出家庭生命周期的阶段，却没有清晰地表述出每个家庭生命周期阶段的任务和含义。

在扩展阶段三个代表人物中比格洛的家庭生命周期阶段的划分缺少对家庭生命周期中主要事件的综合，只是细化了子女的年龄和增加了重回夫妻家庭阶段，也成为扩展阶段影响力最小的家庭生命周期模型。

直到1947年，格里克才第一次提出了清晰且相对完整的家庭生命周期，即被社会人口学家们视为最基础和传播最广泛的家庭生命周期模型。格里克认为家庭生命周期中最为重要的事件包括结婚、第一个子女出生、最后一个子女出生、第一个子女离开父母家（结婚）、最后一个子女离开父母家（结婚）、配偶一方死亡以及残存一方死亡七个事件，并将家庭生命周期按照核心家庭的历史，从结婚至配偶死亡导致解体，划分为形成、扩展、扩展完成、收缩、收缩完成和解体六个阶段。这种简单明晰的划分方法，能够适用于当时美国核心家庭的变化过程，但也招致很多不满。

格里克的家庭生命周期理论提出的最为完备，不仅给出了家庭生命周期阶段性的划分，而且使用美国人口普查数据计算出每个阶段所持续的时间，其不足之处在于没有像其他学者那样重视子女年龄的变化，而是以子女出生、子女结婚或者子女离家为主要代表，由其数据的可获得性和可计算性，更容易被社会人口学家们所使用。杜瓦尔和伊尔的家庭生命周期比格里克的更为强调子女年龄的变化，也更多地承袭了社会心理学的传统，在社会心理学领域中使用的多承袭杜瓦尔和伊尔的家庭生命周期划分。

几乎与格里克同时，在1946年杜瓦尔和他的同事们建立了一个四阶段的家庭生命周期模型，这一成果后来在1948年发表。随后，杜瓦尔和伊尔将家庭生命周期四阶段模型扩展为家庭生命周期七阶段模型。随后，伊尔在1964年将家庭生命周期七阶段模型扩展成为九阶段模型。与格里克的七阶段模型集中在按照妇女年龄的家庭生命周期事件的转折点不同，杜瓦尔和伊尔的家庭生命周期模型更加注重家庭中子女的成长过程。这些模型都可以视为基本成熟、可以应用的家庭生命周期模型。

家庭生命周期从产生开始，就一直经历着不断被修改、充实、完善的过程，但值得注意的是，并非所有的家庭生命周期划分都能够使用经验研究得以证实，很多家庭生命周期划分只是提出了相应的理念和概念，难以用相应的调查数据进行经验研究,也就无法成为实际应用概念性工具。对此,研究者们也出现了一定的分歧,有学者认为随着社会变迁的加剧,如老龄化社会的到来,退休、出现健康问题和丧偶等重大生命事件对家庭生命周期的划分有更为重要的影响,人均寿命的延长要求学者们进一步对家庭发展理论和家庭生命周期划分进一步精细化。而诺克的观点与一般将家庭生命周期不断细分,精确化的观点不同,他认为以往一些家庭生命周期中重要事件在社会发展变化中已经不再能够作为区分家庭阶段性的主要指标,所以,可以考虑减少诸如子女带来的家庭生命周期阶段的划分。总体而言,家庭生命周期理论和模型经过初创、扩展和修正三个时期的不断补充和完善,基本形成了一套较为详尽的分析框架和接近完备的概念体系,在家庭社会学、社会人口学、社会心理学和消费社会学等领域有诸多应用。

二、家庭生命周期与家庭教育阶段

在家庭生命周期的每一阶段,影响家庭变化发展的内外部因素也都是在不断变化发展的,有其特殊的存在状态,包括政治、经济、文化、社会、社区、家长、儿童、家庭关系等。这些因素综合作用形成了一个家庭在某一阶段的基本情况,决定了家庭在这一阶段面临的主要矛盾和主要发展课题。处于这一阶段的家庭教育也被家庭生命周期的阶段性特点所决定,呈现出家庭教育的阶段性特点。

(一)家庭教育准备期

家庭教育准备期大致对应于一个人从出生到结婚成家这一生命周期阶段,是在前家庭期接受父辈的家庭教育,形成先入为主的家庭教育观念,所以学习做父母是孩子在童年时代就开始逐渐积累经验了。苏联著名教育家苏霍姆林斯基在他的教育名著《家长教育学》开篇就谈:"应从孩子小时起就培养他做父母的义务感。"他说,不是所有的人都要做物理学家、数学家,可是所有的人都要做父母、丈夫或妻子。不善于做丈夫和妻子的人,一旦成了年轻的父母,常常表现得像孩子似的不成熟。当这些大孩子生孩子时,这对社会、对生下来的孩子都是不幸,因此他呼吁"亲爱的父亲们和母亲们,要从道德上培养自己的孩子做好做父亲和做母亲的准备"。

(二)家庭教育孕育期

家庭教育孕育期是指从年轻夫妇结婚到实际上决定生育子女这一阶段,对应于未生育子女家庭期。与传统社会相比,当代社会在生儿育女观念、家庭教育成本和婚姻生活态度等方面发生了很大的变化,家庭教育孕育期显得尤为重要。如果年轻夫妇不愿意或者不能够生育子女,就形成只有夫妻关系而没有亲子关系的家庭类型——丁克家庭。这样，该家庭的生命周期就不存在对下一代子女的家庭教育内容。如果年轻夫妇对生儿育女有积极的、良好的心态，有利于将来家庭教育的实践。

（三）0~3岁子女家庭教育期

0~3岁子女主要由家庭抚养，年轻母亲因为产假和抚育幼小子女而付出更多，年轻父亲也有一定的付出。这些状况使年轻父母面临在精力投入程度上职业与家庭之间存在的矛盾关系，正确处理这一问题是家庭教育的关键。而且0~3岁儿童早期教育研究的新成果证实了这一阶段的童年经历对人一生发展的重要性。因此，无论是家庭生命周期的特点还是早期教育的最新研究成果，都说明0~3岁子女家庭教育的特殊性不容忽视。

（四）入园子女家庭教育期

子女第一次走向社会，使家庭教育第一次与正规教育开始发生关系。现代社会的发展变化迅速，这一时期父母的职业生涯、思想认识与前三年又有很大的变化。当今的幼儿园教育在基础教育改革进程中也是与时俱进的，对家庭教育观念和行为的影响日益深刻。因此，这一时期的家庭教育阶段也显示其相对独立的特点。

（五）入小学子女家庭教育期

子女开始接受义务教育的阶段，时间长度为五年或者六年。小学学校教育对家庭教育甚至父母的家庭生活都产生较大的影响，而这一阶段家庭教育的导向作用非常明显，把握好这一阶段对子女实施科学的素质教育非常关键。

三、家庭教育各个阶段之间的关系

（一）关键性

家庭教育呈现出阶段性，是由家庭生命周期在这一阶段的特殊性所决定的。当时家庭的基本状态、父母的心理和行为特征以及子女的身心发育特点等因素决定了该阶段所具备的综合资源与搭配优势。比如，教育子女具有良好行为习惯的关键期就是处于入园子女家庭阶段。引导子女树立正确的人生观、价值观和升学就业观的关键期教育就在入中学子女家庭阶段。错过了关键期，比较优秀的教育资源随家庭生命周期的变化而消失，再给子女补这一课就显得更加费力些。所以，妥善把握好每一阶段的家庭教育内容是提高家庭教育质量的根本保证。

（二）连续性

前面阶段的家庭教育主要矛盾没有妥善解决，会对后面阶段的家庭教育产生不良影响，使后来的家庭教育面临更多的困难。比如对于尚未生育子女的夫妻家庭来说，如果夫妻之间的信心不牢固，他们初为父母的心理准备就不充分，到下一阶段抚养3岁前子女的家庭时期，就会影响亲子关系的质量，进而使家庭教育的效果大打折扣。因此，家长要较为完善地完成每一阶段的家庭教育主题，为子女持续一生的发展奠定基础。

（三）后补性

家庭每一阶段都要有一个教育主题，并不是说下一阶段这方面的家庭教育就不需要了，也不是说在这一阶段要把子女的问题彻底解决。其实，完成每一主题之前有铺垫，之后有延续，是长久持续进行的过程。而且每一主题在不同的生命周期还会出现新的表现方式和特点，家长的教育要与之同步。比如素质教育的任务在儿童阶段就要打下基础，待子女上中学、大学或者就业以后，它还会存在，只不过方式、内容和侧重点都发生了变化。因此，面对子女发展中存在的问题，家长不能"望洋兴叹"，虽然已经错过了好时机，但并不意味着不可塑造了，"亡羊补牢"对子女还是有重要的积极意义的。

（四）影响效果的延迟性

教育是对人产生潜移默化的影响，有时效果并非立竿见影，而是随着岁月积累到一定程度才会有明显的表现。比如子女在小学阶段，把知识和技能当作最终目的的"应试教育"，当时是看不出明显的负面影响的，反而给家长造成"一叶障目不见森林"的错觉。但是当孩子上中学或上大学需要自学的时候，到工作岗位需要独立、创新的时候，"应试教育"给人的束缚就会显露出来，而消除这种消极影响的难度是相当大的。所以，家长对每一阶段教育主题的清晰把握很重要。

四、儿童实现心理全面发展的途径

蒙台梭利认为，儿童由于内在生命力的驱使或生理心理的需要而产生一种自发性活动，这种自发性活动通过与环境的交互作用而获得经验，从而促进了儿童生理和心理的发展，这也是儿童教育赖以进行的起点和基础。因此，"活动"在儿童心理发展中有着极其重要的意义。她自己曾经这样说过："活动、活动、活动，请把这个思想当作关键和指南；作为关键，它给我们揭示了儿童发展的秘密；作为指南，它给我们指出应该遵循的道路。"

（一）自由是适应儿童心理发展节奏的最佳途径

自由为人类与生俱来的权利，允许个人的发展和儿童天性的自由表现。认为只有自由的环境经验才能使人具有发展的可能性，自由活动是满足每个儿童内在需要和适应每个儿童发展节奏的最佳途径，儿童在家庭中可以自由地选择工作材料、自由地确定工作时间，以满足他们内心的需要。不过蒙台梭利强调，这种自由并非为所欲为或放纵，而是以独立为前提、重视纪律的自由，在这种自由活动中可以激发儿童的责任感，建构儿童的人格。

（二）儿童通过独立获得对自我实现形式的直观理解

所谓独立就是不需要别人的帮助而独自做一件事情，儿童通过家庭所寻求的是一种身心的独立，可以获得对自我实现形式的直观理解，他们希望获得属于自己的知识，通过自己的努力独立完成作业，独立去体验与观察世界。只有使儿童自己具体地和自发地参与各种活动，才能获得真实的知识，才能形成他们自己的假设，从而给予证实或否定。儿童在独立地达到自我实现时会表现出高度满足，这种不断增长的自我意识可以促进成熟，使儿童意识到自己的价值，他们就会感到自由，这种自我实现最终导致自我教育。因此蒙台梭利要求父母不能给予儿童多于绝对必要的援助，而是应该帮助儿童向独立之路迈进。

（三）秩序原则有利于儿童形成内在的概念结构

蒙台梭利认为儿童在家庭中有一种对秩序的爱好和追求，他们对工作材料在环境中的位置有着清醒的认识，并形成内在的概念结构，有关秩序的家庭是他们自发的和充满兴趣的工作。因此，蒙台梭利主张给儿童提供有明确秩序的"有准备的环境"。

（四）儿童在家庭中遵循专心原则

基于自由选择家庭，儿童对工作本身有自然而浓厚的兴趣，这种强烈的动机导致儿童注意力的高度集中，即儿童在家庭中非常投入、专心致志，久而久之就会使儿童走上自我发展的道路，培养遵守秩序的习惯。只有这种专心，才能使儿童产生一种毅力，从而促进了儿童的发展。

（五）儿童通过重复练习完成其内在需求的工作周期

蒙台梭利通过对儿童的观察和研究，发现儿童在其各种能力发展的敏感期内，对于能够满足其内心需要的家庭能聚精会神地、独立反复地进行练习，直至完成内在的工作周期。所以这些练习都是旨在加强儿童集中注意力的能力，重要的一点是，这些练习都是每天在一些真实的作业环境中完成的，它们都是通过安静和动脑的实践来完成的，而这正是从外部教育到内部教育过渡的主旨所在。这种重复练习能够使儿童发现自己的潜力，并在其生命力不断发展的世界中锻炼自己，进一步完善自己。

蒙台梭利对于儿童心理发展的看法是她全部教育学说的基础，纵观她的全部学说可以看出，儿童的心理发展既不是单纯的内部成熟，也不是环境、教育的直接产物，而是机体和环境交互作用的结果，是通过对环境的经验而实现的。蒙台梭利指出：创造良好的环境，采取正确的教育措施，及早进行教育，丰富儿童的经验，可以防止和消除儿童智力落后的现象。

第三节 父母教养行为与儿童心理发展

孩童时期是子女身心发展的关键时期，良好学习习惯的养成、和谐人际关系的建立、自尊自信的树立、智能优势的发挥、应对困难的积极心态、积极人格品质的完善等都发生在这一时期。儿童身心发展具有可塑性大、模仿能力强的特点，因而良好而正确的教育环境对儿童形成积极的心理品质起着决定性的作用。家庭教育对培养儿童积极心理品质有着至关重要的作用。家庭教育对儿童的影响是来自多方面的，包括父母本身的个性特点、父母的教养观念和教养行为、亲子关系、家庭结构以及家庭所处的社会经济地位、社区氛围、家庭环境布置等。事实证明，影响儿童身心发展的众多家庭因素中，父母教养行为对其影响最大。父母的教养行为直接影响着亲子关系，进而影响着儿童积极心理品质的培养。

一、父母的人格与教养行为

人格对人的行为和生活方式有重要影响，进而也会影响父母自身的教养行为。父母的教养是家庭教育研究的重要内容之一。南希·达林认为父母教养是指父母同孩子进行交流的一系列态度方式，它们组合在一起形成一种情感气氛，父母教养行为在这种气氛中表现出来，并对孩子产生影响。

贝斯基提出了一个教养方式决定因素的普遍模型。他认为父母的教养方式主要由三方面决定的：父母的人格或心理资源；孩子的特点；压力和支持的来源，其中包括夫妻关系、职业经历和社交活动。每一方面都会直接影响抚养孩子的质量，教养行为以及孩子的发展。同时他提出在这三方面中父母的人格是最重要的因素。父母的人格会直接或间接影响其教养行为。例如，人格会影响父亲的社会支持程度或是母亲所拥有的职业经验，再通过这些来影响父母的教养方式。从这个层面来说，我们就可以清楚地认识到为什么父母的人格特征对于子女教养方式是十分重要的。

（一）心理成熟和健康

心理健康或心理上更成熟的父母，会以更敏感、积极的态度对待他们的子女。父母拥有健康的心理状态可以更多从子女的角度来理解世界，控制消极情绪，能够有耐心地对待子女而不是冲动地和过度地控制子女或完全忽视子女。

根据拉文格的自我发展理论，人们根据能够确定自己与世界的概念的能力可划分为九个连续的阶段。最不成熟的就是"冲动阶段"，这个阶段的人认为世界是具体的并且总是以自我为中心，相反，最成熟的阶段是"自主的"和"整合的"阶段，这个阶段的人彼此欣赏、相互依赖，同时也要求自主权，并能够协调内心的冲突。莱文对8个月大的孩子的年轻母亲或成年母亲进行研究，结果发现，心理成熟度高的母亲在与子女互动时表现出积极的情感，同时在面对面的互动中注视的时间会更长。研究发现，心理成熟的父母表现出对子女更少的约束控制，在完成家庭困难任务中会给子女更多的支持；心理不成熟的父母则更赞同专制的教养行为和教养态度。

贝斯基的研究也发现，高自尊、低敌意、高情绪回应且情绪稳定的母亲在婴儿1~9个月大时给予更多的关注；而焦虑、抑郁、适应、控制点等也可预测婴儿与父母的关系以及父母的温和度和敏感度。母亲的心理健康度较低（如焦虑、侵略、求助、怀疑、防卫等指标高），更可能会在子女年幼时虐待或忽视子女。

（二）人格模型与教养行为

1. 神经质

神经质反映出调节对情绪不稳定。在这个特点上得分较高的人会表现出焦虑、紧张、情绪化、没有安全感；相反，则表现出冷静、放松、低情绪化、坚强、自我满意度较高等特点。

神经质会影响日常的母婴互动。经历更多抑郁（有8天以上感觉抑郁）的母亲会对他们4个月大的孩子更少展现笑容，讲话和肢体接触；母亲的消极情感也能预测母亲对3~24个月孩子消极的亲子互动行为。

在学前时期以及童年中期，母亲的消极情绪和焦虑、抑郁也会影响教养方式。母亲过多的消极情绪（如焦虑、抑郁和易怒）与积极的教养（如拥抱、称赞）呈负相关，与消极的教养（如威胁、贬低）呈正相关，这些父母还表现出了对权威主义教养价值观的认可；高水平的焦虑和抑郁的母亲要求子女顺从，而心理压力大则容易引起更多的敌意和支配行为，在管教子女时，更希望子女"听话"。

当孩子处于青少年时期，神经质或消极的情绪会继续影响教养行为。有较多情绪上压力（比如抑郁、焦虑、低自我效能感）的母亲会更少地支持子女独立。一项对1 000名10～17岁的孩子的父母中的调查研究中发现，父母悲伤、抑郁、疲劳等情绪与父母参与孩子活动的程度呈负相关。同时，高度的抑郁会导致婚姻冲突增加，从而降低了父母教养程度。总之，无论是对婴儿、学步儿、学前儿童以及学生甚至青春期的孩子的研究，都发现了高度的抑郁会导致更低的教养能力和更多的消极态度。

2. 外倾性

外倾性影响一个人人际交往的程度和质量、活动的水平、对刺激的追求和感受快乐的能力。如果一个人具有很强的外倾性，那么他会表现出善于社交、积极、健谈、人际导向性等特点；相反则会表现出保守、严肃、缺乏活力、任务导向性等特点。一方面，育儿是一个涉及人际交往的活动，外倾性的人可能比内倾性的人做得更好；另一方面，社交性高的人可能会更加享受社会交流而不是和孩子整天待在一起。

研究者大都支持外倾性与积极的教养行为和积极的情绪互动有关。研究发现，外倾性得分高的人，更愿意与子女进行游戏和教学上的互动，从而对子女产生更多积极的影响。利维·希夫对以色列人的研究发现，外倾性得分较高的父亲，在与他们9个月大的婴儿互动时会表现出更多积极的情感和意愿参与游戏。其他研究也得到类似的结果。研究还发现，外向的父母对他们8岁的孩子表现出更多积极支持的教养行为，例如，父母展现出更多积极的情绪并鼓励孩子独立。由此可以看出，父母的外倾性与积极的教养方式的关系不仅仅局限于婴儿时期。

3. 随和性

随和性指的是一个人的人际交往导向从同情到敌对的一系列的想法、感觉和行为。若一个人随和性较高则表现出温和、信任、助人、原谅、坦率；相反则表现出讽刺、粗鲁、怀疑、仇恨、易怒等特点。由此我们可以做出基本假设，至少从孩子的角度来说，一个人的随和性越高就越可能成为一个好父母。然而只有少数研究验证了这种人格特质与教养之间的关系。例如，随和性高的母亲表现出更多的积极情绪及敏感度，给子女提供更多的支持而非控制。

随和性的另一个方面——移情也是一个影响教养行为的重要预测指标。因为，父母在与子女相处时应该更多地离开自我，从子女的角度考虑并为子女提供支持。研究表明，发现高度移情的母亲能与子女创建更多积极的关系，高度移情的父母对子女发出的信号反应更加灵敏也更愿意去接近子女。

4. 开放性

开放性较高的人更容易接受新事物、享受新事物，拥有广泛的兴趣，富有想象力，相反开放性较低的人则十分实际、传统、坚持自己的道路。与五大人格的其他特点相比，很少有人来考虑这一特质。只有两个研究来探讨这个问题，其中一个研究发现，父亲更加开放与积极的教养相关。这也许是因为，对于高度开放的人来说，父亲这一角色本身就是一个值得探索的经历。另一个研究发现开放性的母亲也具有相同的特点。

5. 责任心

责任心反映一个人是否有很好的组织力和较高的标准，总是努力想要达到预定的目标。因此，如果一个人责任心不强，他就会表现得很散漫、粗心大意、不能很好地完成计划或任务。责任心强可能使父母给子女提出更多的成熟要求和承担自己生活、学习的责任的机会。研究发现，责任心与支持的教养行为成正相关，与控制行为呈负相关，责任心强的母亲对待自己的孩子时会有更多的回应和更少的独断。

（三）父母的教养行为与儿童发展

父母的人格会影响其教养行为，教养行为又将会影响子女的发展。下面我们来讨论父母的人格特质影响儿童发展的机制。

首先，父母的人格会通过不同的教养方式来影响子女的个性发展。子女个性的形成会受到环境的影响，尤其是家庭环境。因此，不同人格特点的父母会采用不同的教养方式。母亲的人格与子女后期的人格有关，父母积极的个性特征（如随和性、情绪稳定、责任心）与多温暖少敌意的教养行为相关，与子女积极的人格特质有关。神经质得分较高的母亲多数会采取过度保护的教养行为，然而，这种教养行为又会增加子女的害羞程度。随和性低的母亲更多地采用惩罚的策略，从而增加了子女情绪调节异常的可能性。

其次，父母不同的人格特质会通过教养方式来影响子女的自尊，尤其是内隐自尊。内隐自尊来源于儿童时期的早期经验，尤其受到家庭环境的影响，因而比外显自尊更早形成。父母婚姻状况与个体的内隐自尊存在显著相关，来自离异家庭的个体内隐自尊显著低于来自完整家庭的个体，同时，父母的情感温暖与理解等积极的教养方式对个体的内隐自尊有提升和促进作用，父母的教养行为与子女的内隐和外显自尊有密切联系，父母的过度保护导致孩子形成低内隐自尊，放任与外显自尊相关。

再次，父母的人格会通过不同的教养方式影响子女的心理健康。自尊的高低会影响心理健康的水平。近几年，有关外显自尊与心理健康（尤其是情绪健康）关系的大量研究得出了类似的结论，即自尊不仅和抑郁有关，还与个体心理健康的诸多方面广泛存在相关。研究表明，外显自尊与抑郁、焦虑等呈高度负相关。父母的教养行为会影响孩子的自尊，对压力事件的应对，生活满意度，并与其抑郁水平高低相关。

最后，父母的人格也会通过教养态度、教养观念和教养行为来影响子女以后的社会化和同伴关系。民主型的教养方式有利于发展儿童的社会适应能力和亲社会行为。积极的亲子关系有助于孩子形成积极的人际互动工作模式，父母对子女的鼓励，以积极的态度对待同伴和同学可以唤起子女与人际互动有关的积极情绪体验。这种积极良好的情绪会带到儿童和同伴的交往中。在情绪氛围积极的家庭中成长的孩子，一般都会主动去接受同伴。研究发现，儿童的同伴关系与父母的情感温暖、理解之间有显著的正相关，而父母的过度保护、过分干涉和否认，会对孩子的同伴关系产生负面的影响。也有研究表明，儿童的合作行为与父母民主的教养方式有关。

总之，父母的人格与教养行为和儿童发展会形成一个环路，有时可能会跨越几代人。如果孩子成长在父母人格不稳定（即高负面情感作用或神经质）的家庭中，父母的教养方式可能会变成控制、充满敌意、缺乏感情等，这种教养方式会影响孩子的发展，使孩子形成一些不稳定的人格，而孩子的人格又会影响下一代。也就是说，父母本身的人格可能是由于一些成长中不好的经历产生的，再通过一些不良的教养行为影响下一代，从而就有可能形成一种恶性循环，影响几代人。

一些研究证明了这种代际传递，研究者用横断研究的方法研究了父母惩罚的原因和结果。他们依据570个由8～14岁德国家庭的父母和孩子的自我报告，使用路径分析的方法，研究了虐待儿童的决定性因素模型。结果表明，父母自己不好的社会经历与他们易怒、紧张的人格有关，这些人格问题会导致父母出现愤怒与无助的情绪，导致家庭冲突，并导致对儿童惩罚的增加，进而导致儿童形成焦虑和无助的情绪。

二、父母教养方式对儿童心理发展的影响

父母教养方式一直是发展心理学研究儿童社会化问题时关注的重要课题。许多心理学家研究表明：父母教养方式使儿童社会性、个性发展受到不同程度的影响，良好的教养方式使儿童在个性、品德及行为诸方面健康成长，为他们的身心健康、生活幸福和事业成功打下坚实可靠的基础；而不良的教养方式会阻碍儿童心理发展，造成儿童性格缺陷、人格障碍等不良心理问题。父母教养方式对儿童

心理发展的影响主要包括两个方面。

（一）父母教养方式对儿童认知发展的影响

父母对儿童的教养态度和教养方式根据不同的标准可分为不同的类型。美国儿童心理学家埃里克森·麦考比和马丁提出了划分教养方式的两个主要维度：父母的接纳、反应和命令、控制，前者是指父母对孩子接纳（或爱）的程度及对孩子的需求的敏感反应程度；后者是指父母对孩子提出要求或建立适当的标准，并命令、督促其完成。麦考比和马丁在最早研究儿童教养方式的美国心理学家戴安娜·鲍姆林德研究的基础上，根据上述两种维度，将父母的教养方式分为权威型、专制型、纵容型和未参与型四种。这四种教养方式对儿童认知产生了不同的影响。

第一，权威型。权威型父母，即对孩子需求的反应较灵敏、对孩子的命令或要求较高。他们对孩子提出合理的要求和目标，并督促和帮助孩子努力实现这些目标，同时向孩子解释为何要遵守一些规则、达到某些标准的原因。权威型父母并不是一味的要求孩子，他们在教育过程中同样也表现出温情、耐心、关爱的一面，能够倾听孩子的想法并做出一定的回应。这是一种尊重孩子、关爱孩子的民主的教养方法，有利于孩子形成良好的认知习惯，具备独立、积极的认知个性。

美国加利福尼亚大学教授、心理学家鲍姆林德曾进行过长达十年的研究，通过实验发现，权威型父母的子女在认知能力方面超过其他教养类型父母的子女，在权威型教养方式下，孩子更易形成乐观、自信、有责任感、自制能力强等优点。

第二，专制型。专制型父母，即对孩子要求很高，对孩子需求的反应灵敏度却很低。他们对孩子提出很多要求，并期望孩子能够无条件地、严格地遵从，却并不向孩子解释原因，这种强加标准和要求的方式，严重扼杀了孩子的个性。另外，专制型父母对孩子的反馈也大多不予关注，对孩子缺乏热情和关爱，时常惩罚和强迫孩子，而不是经常鼓励和表扬孩子。专制型的家长犹如一个"暴君"，在这种过分强调父母权威的"暴政"之下，孩子的自我表达能力和独立意识逐渐萎缩，在认知过程中也易形成焦虑、自卑、畏缩等缺点。

第三，纵容型。纵容型父母，也叫溺爱型父母，这一类父母对孩子的接纳程度以及对孩子需求的反应程度都很高，对孩子的要求及控制却很少，甚至没有。他们尽自己最大的努力满足孩子的各种要求，给予孩子关爱，却时常让孩子随意表达自己的冲动和感受，对孩子的行为缺乏控制和监督。纵容型教养方式培养出来的孩子经常表现出任性、依赖、冲动、缺乏自制力等。

第四，未参与型。未参与型父母，也叫忽略型父母，就是一种对儿童发展不关心，不管是反应还是控制都较为缺乏的教养方式。这类父母仅仅满足孩子基本的温饱需求，在情感上或其他方面很少给予孩子关爱，既不对孩子提出要求，也不倾听孩子的其他需求，通常表现出冷漠和随意的教养态度。研究发现，在忽略型教养方式下成长的孩子，在学校表现较差，经常表现出攻击性、自私、责任感差、目标不明确等。

综上可以看出，专制型教养方式使儿童缺乏独立思考能力，做事优柔寡断、缺乏灵活性；纵容型教养方式使儿童任性冲动、缺乏自制力和创新能力；未参与型教养方式让儿童在认知他人和社会时产生不信任感，从而对外界怀有敌意，甚至惧怕、逃避。权威型教养方式相较其他类型来说对儿童发展具有明显的优势，在权威型教养方式下的儿童具有较强的认知能力，表现出较高的自尊自强、独立自主、责任担当等意识，在走上社会后，也有更多的成功机会。

（二）父母教养方式对儿童个性与社会性发展的影响

1. 父母教养方式对儿童个性发展的影响

美国社会心理学家和个性心理学家奥尔波特认为，个性是决定人的独特行为和思想的个人内部的身心系统的动力组织。帕金森把家庭看作"制造人格的工厂"，一方面，家庭把基因素质传递给后代；另一方面，家庭是最早向儿童传递社会经验的场所，是儿童早期生活最基本的环境，家庭中的各种因素如家庭结构（包括残缺家庭、寄养家庭等）、家庭气氛、父母教养方式、家庭子女多少等都会对儿童人格的形成起着重要的影响。

长期不当的教养方式易使子女形成难以适应社会的不良人格特征，严重影响儿童身心健康发展。只要不惹麻烦，父母便不关心的孩子，其成就动机和自我价值感都较低；受父母溺爱的孩子，常缺乏爱心、耐心和挫折容忍力；经常受到体罚的孩子会变得难以管教而且会发生更多的攻击性行为。

2. 父母教养方式对儿童社会性发展的影响

社会发展涉及社会认知、社会技能、社会适应性、自我概念、自我控制能力、道德品质等多个方面。儿童社会化最初的场所是家庭，家庭成员尤其是父母将社会知识、道德观念、社会行为价值观和社会目标慢慢传递给儿童，儿童在父母的教养下学习他们的价值取向，并将其内化为自己的社会价值观，建构自己的社会认知、道德规范，表现出相应的社会行为。良好的教养方式有利于儿童社会性发展，不良的教养方式则在一定程度上对儿童社会性发展起阻碍作用。

在父母教养方式中包括两个基本维度：温暖和惩罚。霍夫曼等人研究了惩罚这种普遍性教养方式对儿童社会化的影响。他们把惩罚分为强制和"爱的回收"

两种方式。强制是指父母对儿童体罚、冷漠地拒绝及威胁等。强制的方式会阻碍儿童对社会道德规范的内化。同时也会降低儿童良知的发展。体罚的强迫性降低了儿童的自信心和果断性,增加了他们的羞辱感和无助感。"爱的回收"是一种心理上的惩罚方式,主要表现为父母不理解、孤立儿童、对儿童表示失望等。这种惩罚方式使儿童体验到自身安全的威胁和焦虑感,会导致父母与儿童的感情破裂,亲子关系不和,给儿童成长带来心理伤害。

权威型教养方式的父母,他们的惩罚常常有情感性,并带有合理的解释,这种教养方式下的儿童有强烈的亲社会行为和道德责任感。

当今社会,儿童的身心健康越来越受到关注,作为儿童发展影响因素的家庭成员,父母应重视其教养方式的选择,对自己的言行加以约束,对儿童的发展产生潜移默化的积极影响,努力向权威型、民主型的教养方式改进,用爱和温暖来教育孩子,用适当的惩罚使孩子的发展符合社会道德规范,使孩子的个性稳定地发展并形成健全的人格。

第四节 家庭结构与功能的变迁

家庭教育是伴随我们终生的一种实践活动。家长作为我们人类社会化的第一任教师,他们的任务不仅仅是要教育子女怎样生存,更重要的是教会子女怎样做一个合格的社会人。一个人的品德是我们做人的根本。家庭道德教育作为家庭教育的核心其作用更是不能忽视。随着改革开放以来我国的经济社会飞速发展,政治、经济、文化等各方面的资源得到了极大的优化配置,与此同时,人们的生活方式、道德观念和婚姻观念也发生了巨大的变化,并影响着家庭结构和功能也发生了巨大的变化。家庭结构、功能的变化又给我们的家庭德育提出了新的课题。

一、家庭结构与功能的变迁对家庭德育的影响

(一)积极影响

1. 家庭氛围民主和谐化

在传统的家庭中祖辈、父辈、孙辈共同居住,父母、长辈与子女的关系是简单的服从与被服从的关系,子女对长辈绝对服从,不具有独立的人格。随着家庭结构的核心化、小型化和家庭功能的经济保障、消费功能、教育功能的转变,家庭人口较少,子女大都不和祖辈们一起生活,却一样可以对祖辈进行赡养和精神关怀。父母仍然是家庭教育的主导者,他们肩负着教育子女的责任和使命,在家

庭中处于权威地位，他们与祖辈相比，无论是思想观念、生活方式，还是思维模式都比较开放，跟得上社会发展的步伐，能够与子女互相沟通，亲子关系相对简单，而且与子女关系密切、互动频率高，容易建立"情感共鸣系统"，创建和谐的家庭氛围。

特别是家庭人员的减少，家庭关系的简单化，对于独生子女而言，不会出现偏爱现象，他们不像多子女家庭那样需要和哥哥姐姐一起分享父母的爱。他们有机会得到父母更多的关爱，接受父母在教育上的更多投资，也能更充分地表达自己的意愿，从而成为促使自己上进的内驱力。而父母则扮演子女伙伴的角色，在此情况下，沟通就变成了家庭互动的主要手段，沟通的本质是信息的交流与传递，家庭成员间互相表达自己的想法和意见。父母与子女在家庭中处于平等的地位，互相尊重、平等交流。

2. 有利于子女生活自理能力的提高

第一，中国社会现存的城乡二元结构使得大批的农民工涌进城市，有的父母将孩子也带入城市中生活学习，成了流动儿童；没有被父母带到城市的孩子则继续生活在农村成了留守儿童。由于进城务工的家长没有时间照顾孩子的生活，孩子从小便习惯了自己照顾自己，有些大些的孩子在家中还要照顾年迈的祖辈和年幼的弟妹，他们的生活自理能力得到了很大的提高，学会了独立生活，而这些独立生活的自理能力正是当代青少年所需要锻炼和培养的。

第二，在家庭结构核心化的趋势下，孩子们自己可以支配的空间也大大增加了，在很多方面不再依靠父母或者兄弟姐妹，他们的自主能力得到大幅度提高，有些甚至可以帮助父母管理家中的事情。

（二）消极影响

1. 家庭德育观念落后

每个家庭的父母都希望自己的子女能够成才，每个人都对自己子女的将来进行一番规划与期望。家长的期望无论是过高还是过低都会影响子女的健康成长。随着家庭生活条件的日益提高，家长们也尽可能加大了对子女教育各方面资源的投入，希望子女在将来的社会竞争中脱颖而出。观念是我们对客观对象的形成具有相对稳定性的主观看法。家长的教育观念就是家长对教育子女的认识和看法。当今社会处于一个历史转型期，家长的教育观念既要考虑社会的因素也要考虑个体的因素，是家长自我建构和文化信息互相作用的结果。

（1）教育观念功利化物欲化

在家庭的核心化趋势下，家中只有一个子女，父母将爱全部倾注到这个孩子身上。随着当今社会家庭的生活质量普遍提高，家庭的消费功能也发生了改变。家长们对于孩子的要求一般也是有求必应或者是尽一切力量满足，不管是不是奢侈产品，在学校里逐渐形成了一股攀比之风，出现了许多"耐克""苹果"的代言人，为了激励孩子们在学习上争先争优，有些家长采取了物质鼓励或金钱奖赏来激励孩子学习，比如如果在考试中获得了第一名将得到什么样的奖励。最近许多高中生和大学生都用起了苹果公司的高端产品 iphone、ipad 等就是家庭消费观念、方式异化的结果。过分追求物质享受和物质攀比容易养成孩子以自我为中心的习惯，遇事自私、任性冷漠，不顾及他人的感受。

（2）教育期望值过高

在家庭核心化的趋势下，家庭的物质条件得到了很大的改善，家长们普遍对孩子有过高的期望，重视智力教育，忽视了学生的德育。主要表现为：一方面家长不支持孩子在学校担任干部，认为其会让孩子对学习分心，不支持孩子参加任何团体活动和体力劳动。在现行的教育体制下仍然是以应试教育为主，学生们有着过重的课业压力。另一方面家长们把子女当成了家庭的附属品执意要将孩子塑造为自己希望的样子，要进入有名的高等学府深造，他们的言语中最多出现的是"我的孩子我要他怎样就怎样""不准怎样"。

在家庭教育中，父母适度的期望有利于孩子的学业和身心的健康发展，而过高期望则不利于孩子的成长。这些父母在子女的教育上具有强烈的主观的单方面的育儿意识，更多地注重对子女的培养能够带来积极有效的效果，将对子女的爱集中到对子女的智力教育上而忽视其他方面的素质教育尤其是道德教育，表现为"读书就是为了找一个好工作"，重视知识教育轻能力教育，表现为学习知识时死记硬背，缺乏捕捉、消化和利用知识的创新能力。殊不知一个国家发展的动力和源泉就是创新，只有培养出会利用知识的人，才能让他们把知识转化为创造力，变学会到会学。

2. 家庭道德教育内容存在缺失

（1）行孝意识的缺失

随着当现代城市生活节奏日益加快，人们普遍忙于工作，抽不出时间或者懒得抽出时间看望父母，儿女们往往很少回家，与父母们的情感交流更是少之又少。空巢家庭和老龄孤独家庭的情感关怀成了社会亟待解决的问题。针对我国空巢老人的精神孤独和生活问题，我们不仅要在生活中尽最大的赡养义务，更要在家庭教育中注入行孝意识的教育，给予老年人以家庭的关爱和精神的关怀。"人生五伦孝为先，自古孝是百行原"，孔子也指出"弟子入则孝，出则悌"。自古以来，中国文化就是以家为本位的文化，孝道就是我们中华民族家庭传统美德的精髓，孝道教育是我们家庭教育任何时候都不能丢失的优良传统。

在家庭结构核心化、规模小型化的趋势下，孙辈一般不与祖辈生活在一起，首先是没有共同生活的感情积淀，其次是在中国传统观念里都是把孩子处在家庭的核心地位，父辈把过多的精力放在了子辈身上，对祖辈的照料和慰藉相对较少。从孩子方面看，他们习惯了接受来自父母的爱和关心，认为这一切都是应该的，却不知道感恩父母，缺乏孝敬父母的意识和行动。

（2）劳动教育缺失

随着家庭物质条件的日益充裕、生活环境的改善，加上第一代独生子女的父母往往受过苦，希望孩子能够学习更多的知识，对于孩子在生活方面的要求往往是有求必应，总想着为孩子节省更多的学习时间，长此以往越来越多的孩子养成了娇生惯养的习惯。

孩子家庭劳动时间少与家长重视智力发展忽视道德、能力的发展不无关系。作为社会主义的建设者和接班人，青少年从小缺乏最基本的生活常识和技能，长大后也就难以独立地生活和处理问题；从小生活不自立其社会责任感就会比较淡薄，养成自私、任性、依赖他人的性格，其思想品德也就不会健康发展，不能担当起建设国家的重任。一个人最基本的能力是独立生存能力的培养，只有拥有独立创新的意愿、独立的生活技巧、独立的行为能力，才能形成独立思考的行为习惯，这是当代独生子女最缺失的方面，从而导致了他们生存能力弱、责任心不强、承受能力差等问题。

（3）人际关系教育缺失

在我国实行的计划生育政策的影响下家庭规模小型化、核心化的趋势日益明显，家庭人际关系简单，仅存在夫妻关系和亲子关系，再加上城市居住环境的限制和社会竞争压力的加大，人际关系变得冷漠，导致邻里之间出现相见不相识的情况，子女们缺乏在多维人际关系中成长的机会，特别是缺少与兄弟姐妹培养互爱互助的情感和养成互相谦让的习惯的机会，缺少与同辈群体一起学习、生活和玩耍的经历，对父母各方面的依恋不断增长，容易滋生他们的特殊化心理，缺乏社会责任感、义务感，不利于子女间平等地交流和培养子女的集体观念、协作精神和领导、合作能力。他们在长辈的疼爱中长大，有着有主见、自信、创造性强的特点，与此同时，他们容易以自我为中心，随着他们自我意识的增强和青春期的来临，他们在心理上表现出成人感，希望凡事自己能做主，有着很强的逆反心理，不希望按照父母给自己设计的道路前进。

同时，缺损型的家庭结构下的单亲家庭或是重组家庭子女因家庭的破裂给他们造成的心灵的创伤是明显的，他们通常会经过一个从否定—愤怒—协调—沮丧—接受的阶段。家庭结构的破裂导致了家庭成员关系的失调，在这样家庭中长大的子女受到的教育和爱是单方面的，也必定是乏力的，他们往往心理自我封闭、自卑、抑郁、敏感、厌恶交往，逃避与他人接触，他们的人际关系教育问题不容忽视。

二、家庭结构与功能的变迁影响下加强家庭德育实效性的途径

俗话说"授人以鱼不如授人以渔"，家长们对子女的教育应该是一种学会教育而不是学习教育，子女迟早要离开父母在社会中成为独立的个体，家长们需要做的就是在借鉴传统教育的前提下，结合新的时代特点，关注、强调和提升家庭教育的质量，通过正确的世界观、人生观、价值观引导下一代的健康成长。

（一）孝亲教育

在中国传统的家庭道德教育中"孝道"具有基础的地位，作为我们中华民族的传统美德，孝敬长辈是我们无论何时都要继承的优良传统。中国传统的"孝"是一种扩展性和伸缩性极大，层次性、适应性颇强的伦理规范，充分体现了中国传统伦理始于家庭而扩向社会的重要特点。在实现我国的社会主义现代化建设中，教育应以促进人的全面发展为价值宗旨，培养有理想、有道德、有文化、有纪律的德智体美劳全面发展的社会主义建设者和接班人。《孝经》中指出："夫孝，德之本也，教之所由生。"人们往往用一个人的品行来衡量一个人，而孝道就是一个人品行的最根本，只有孝敬父母、关爱亲人，才可能将小爱升华到大爱，做一个具有共产主义道德、全心全意为人民服务的人。孝的伦理观念本身具有血缘的基础，针对目前社会中存在的种种不孝行为，在家庭教育中强化对子女孝意识的培养，有利于促进子女的身心健康发展，有利于净化社会风气，确保国家的社会安定，提高全民族的文明素质。

（二）自立教育

家庭是青少年社会化的最初场所，青少年的社会化过程是一个由"他律"到"自律"的过程，父母通过将社会信仰、价值观念过滤，有选择地传递给子女。在家庭教育中应注重子女主体人格的培养，培养他们对于学习的兴趣和良好的行为习惯，培养他们的自尊心和自信心，培养他们的坚强意志，让子女独立自主地去适应环境和克服障碍。

马克思认为劳动本来是人的天性的需要。劳动是人类生存的基础和条件，在家庭教育中应加强对子女的劳动教育，多带领他们参加家务劳动和社会公益活动，让他们在劳动的过程中体验劳动的乐趣和艰辛，形成劳动观念和劳动习惯，

养成珍惜劳动成果、勤俭节约的作风，锻炼他们吃苦耐劳的坚强意志，培养他们对国家、对集体的责任心和义务感，体验人生的真正价值。

在家庭道德教育的过程中父母应避免子女对自己的过分依赖，从小培养他们自己的事情自己做，并帮助家长分担家务，只有从小掌握基本的生活知识、经验和技能，长大成人后才能适应各种环境独立生活。

（三）营造民主和谐的家庭环境

"蓬生麻中，不扶自直"，良好的家庭环境对于教育子女发展有着潜移默化的作用。在家庭结构小型化、核心化的趋势下，家庭成员的人际关系更加简单，主要是父母与子女的人际关系。而子女的自信和幸福感是建立在融洽的亲子关系和父母良好的教养方式上。而融洽的亲子关系和良好的教养方式主要受父母所在的社会阶层、社会地位、社会发展状况的影响。处理好亲子之间的和谐关系，加强与子女的信任教育，主要包括以下方面。

1. 共同时间

家人相聚的时间的长短和品质是衡量家庭生活品质的重要标准。目前由于父母工作繁忙，他们往往希望在有限的时间内教育出高质量的子女，以质量化的时间取代数量化的时间。但是介于家庭教育的生活化特性，家长们的质量化时间教育会使孩子感到焦虑、拘谨。

拥有共同时间有利于亲子之间互相沟通、互相倾听、互相理解，了解孩子的心理需求，然后一起学习活动，形成温馨和谐的家庭氛围。我们把家庭生活的24小时分为三块即上班上学时间、睡觉时间、休闲时间。休闲时间正好给家庭德育提供了一个良好的契机，家庭成员共同学习、共同交流与分享，在这个时间段内大家可以共同阅读、共同讨论、相互谈心，有利于家长积极学习家庭教育的知识和技能，提高和孩子相处的效率，增加家庭教育的实效性。

2. 学会倾听

亲子间的互动是一种相互理解、相互沟通、共同努力的关系。在家庭结构核心化趋势下，子女的倾诉对象太少，要想在家庭中形成子女与大人愿意沟通、敢于沟通、善于沟通的气氛，就要培养父母的倾听技能，父母倾听子女的心声，理解子女的需求，而不是居高临下的命令和霸道式的权威。父母可以和子女进行形式新颖、灵活有效的沟通。例如，促膝谈心，在时间充裕的情况下，和子女交换心事、看法和建议；书信沟通，平时工作繁忙的父母因为跟子女在一起的时间不多，可以通过一个感情联络本传达各自的思想，还可以通过亲子游戏或者餐桌对话发现子女的兴趣和闪光点，并成为子女的良师益友。

3. 父母做好角色分工与转换

传统家庭中母亲一人担当起家庭教育的主要实施者，父亲则游离于家庭教育外，成为配角。孩子的教育需要父母双方的配合，不能把教育子女的事情全部推到母亲身上。在男女平等的现代社会，对女性的社会角色提出了更高的要求，为了家庭牺牲自己一切并不能代表母亲的成功，真正的成功是既要在事业上有成，又要在家庭上尽职尽责。

父亲作为子女精神世界的引领者，以其强健而富于严格、粗犷而温和的人格魅力教育子女在今后的生活中要充满责任感。

4. 营造良好的家庭文化

家庭文化是指一个家庭世代传承过程中形成和发展起来的较为稳定的生活方式、生活作风、传统习惯、家庭道德规范以及为人处世之道等。作为家庭教育价值核心的家庭文化具有自发性和凝聚性的特点，主要包括家庭的组建、家庭成员的关系、家庭教育、对老人的赡养、家庭的饮食卫生环境、家庭成员的服饰、家庭的设施、家庭气氛的营造、家庭的经济管理、家庭的民主平等和家规方面。在家庭成员关系融洽、家庭生活方式进步、家长素养好的家庭中长大的孩子更快适应社会的需要，并以良好的心境、乐观的态度和积极向上的人生观面对生活。

（四）提高家长教育的素质

当今社会，市场经济体制的转轨，知识经济时代的到来，能力的取向逐渐取代了年龄和资历的取向，人们的生活方式、价值观念、道德观念也发生了巨大的变化，使得长辈们的一些经验在很多方面丧失了对年轻人的指导价值。随着大众媒体的普及，子女对于新生事物更为敏感，他们有更好的适应能力从各个方面习得更多的知识和经验。家长们以往的教育权威地位发生了动摇，在家庭中的话语权下降。为此家长必须转变自身的观念，提升自身的家庭教育能力，优化教育行为。

1. 转变家长的教育观念

家长的教育观念是指家长对于家庭教育的总的观念和看法，是家庭教育在他们头脑中的本质反映，它包括家长的人才观念、亲子观念、儿童观念等。教育观念作为家长素质的核心，不仅指导着家长的教育目标和教育期望，而且还决定着家庭教育的质量，可见教育观念的作用举足轻重。

针对目前社会中存在的家长将孩子视为自己的所有物，重智育轻德育的普遍现象，家长应该在理解尊重孩子，根除家长落后、不科学的家庭教育观念，把德育放在家庭道德教育的首位，用正确的人生观、价值观教育子女，坚持让子女全方面共同发展。

2. 优化家长的教育方式

目前，在网络上兴起了一股中西家庭教育方式的大讨论，到底是以走严格教育路线的"虎妈"方式——蔡美儿耶鲁大学华裔教授在对其两个女儿的管理时要求严格，最后两个女儿以优异的成绩进入大学，还是走"猫爸"的民主教育路线——从小对女儿进行民主式教育，不打不骂，最后女儿也以优异的成绩进入大学。虽然现代的家长们有着较高的文化程度，抑或是新的思想观念，但是他们在教育方式上往往还是传承着传统家庭教育千篇一律的那一套，往往是"八仙过海，各显神通"，完全不考虑这些教育是否符合子女的受教育需求。随着社会、教育环境、家庭生活的变化，家长们在遵循子女身心发展的规律的前提下不断更新家庭教育的内容和家长教育子女的方式，为适应子女的心理生理健康发展提供了不竭动力。

3. 提高家长的教育能力

天津社会科学院社会学研究所研究员关颖将家长的素质分为自然素质和社会素质两个方面，家长素质的高低直接影响着家长教育子女的能力和教育的质量，家长的素质包括两个方面：家长的综合素质和家庭教育素质。家长的综合素质是由家长的文化素质、思想道德素质、能力素质、身体素质、心理素质构成，其中科学文化素质和思想道德素质是核心。家长的教育素质是指家长在家庭教育的过程中教育观念、教育内容、教育原则、教育方式、教育能力等素质。

家长在实施教育的过程中应理解和遵循子女的身心发展规律，因为家庭是人们进入社会化的最初场所，青少年时期是子女品德和能力形成的关键时期，但是品德和能力的形成是一个缓慢的过程，家长应抓住这个最佳时机，对子女进行因势利导，切忌"揠苗助长"的急功近利教育，也要避免"树大自然直"的消极教育观念。另外家长在教育子女的过程中还要进行自我教育，要不断更新自己的教育观念和教育方式，要认识到德育和智育是相辅相成的，德育的发展有利于子女道德水平的提高，也有利于子女智力的发展。

家长的人才观潜在地受到家长个人生活经验和经历的影响，特别是当今的独生子女家庭的父母大都经历了历史的影响，他们把希望都寄托在自己的子女身上。但是人才并不只是成绩的优异、能力的大小，还表现在思想品德的高低和心理素质的好坏上。将人才只定位在应试教育的导向下的错位的人才观大大缩小了人才的范围，阻碍了子女的全面发展。

子女不是家长的附属物，他们是有独立人格的个体，不平等的亲子关系会导致子女的逆反心理，不利于家庭成员的沟通。家长应用激励的方式教育子女，使他们积极主动学习、成长和探索。

第二章 父亲角色与儿童心理发展

随着时代的变化，世界各国及地区女性越来越多地投入工作中，与传统的女性角色发生了很大变化。现在社会分工趋于两性化，时代变迁要求父亲重新定位，过去绝对的"男主外、女主内"的模式已不适用现代社会的发展要求。父亲要增加在家庭教育上的投入，用自己独特的教育方式、经验参与到儿童教养中去是大势所趋。

第一节 父亲的角色与责任

现阶段对父亲角色的研究很多都是基于"父亲缺失"这个方面的，更多的是关注那些由于父母分居、离婚、死亡等原因而导致的子女缺少父亲的关怀，缺失父爱的现象。同时人们也忽视了另外一个严重的现象，父亲缺失的情况不仅仅存在于这些单亲家庭，或者隔代教养的家庭，很多完整家庭也存在站在孩子教育"观众席"上的"隐形父亲"，而这些家庭的妈妈则成了生活在完整家庭的"隐性单亲母亲"。许多完整家庭里父亲的"不作为"、父亲的错误示范作用，对子女的影响比父亲缺失给子女造成的伤害更大。许多父亲都错误地认为物质的满足可以替代父爱，认为教育机构、其他亲属的照顾可以替代父爱，等到发现子女出现问题想挽回的时候却已经来不及了。

一、父亲角色对子女发展的影响

父亲角色就是父亲在家庭中对待子女的态度和方式。父亲较之于母亲是完全不同概念的教育系统和行为范畴。父亲角色是男性在家庭中最重要的角色之一，与丈夫角色是相依存的。家庭结构模式、夫妻婚姻关系、工作性质、父亲受教育程度、父亲自身成长经验、价值体系以及社会舆论导向对父亲角色投入都有影响。

(一)父亲角色对儿童智力的影响

父亲能促进儿童认知的发展,儿童从父亲那里可以学到更丰富、更广阔的知识,更广泛地认识自然、社会,并通过操作、探索、各种各样的活动、游戏,使儿童逐步培养起实际操作能力和探索精神,丰富儿童的想象力,培养儿童的创造意识,并激起他们旺盛的求知欲和好奇心。父亲对儿童成就感的形成与智力水平有相当大的影响。研究表明:父亲是否长期在家,对子女的学业成绩影响很大。

美国医学专家海兹灵顿研究指出,孩子缺少父爱会阻碍认知发展,父母离异而缺少父爱的孩子,其认知能力和完整家庭的孩子差异明显。一项针对早年失去父亲的青少年进行的调查发现,父亲离开儿童越早,离开的时间越长,儿童将来数学能力发展受到的负面影响就越大。也有研究证明,很多有成就的名人儿时跟父亲的关系都是非常密切的。据沙格等人研究证实:父亲较多地参与婴儿的交往,能逐渐提高婴儿的认知技能、成就动机和对自己能力、操作的自信心。

美国耶鲁大学选择了一批从几个月到十几岁的孩子进行了为期12年的连续不断的跟踪调查,得出的结论为:不管这些孩子出生在什么样的家庭里,只要他们从小是由爸爸带大的,那么他们的智商就要高于平均水平,平时表现得特别聪明、精力旺盛、擅交际、学习成绩好、更加活泼开朗,能力更强,在学校学习成绩更好,在工作中更容易获得成功。

我国教育学和心理学专家对山东、江苏、山西等省市区2100多名在校生中儿童性格行为特征问卷调查分析后认为,"父亲的文化素质对子女的自制力、思维灵活性产生影响"。研究表明:父亲对男孩智力发展的影响要比女孩大。男孩早期失去父亲会使他智商低、认知模式女性化,这些不足在他进入大学后还是有明显的表现;而与父亲关系密切的女孩,数学成绩更好。

(二)父亲角色对儿童能力的影响

马里兰大学的布莱克博士说:"父亲的言行对孩子们的影响是巨大的。"父亲陪伴较少的孩子,身高、体重的发育都比父亲陪伴多的孩子落后,动作也较迟缓,且性格容易内向、孤独、忧郁、任性、多动,社交能力相对较弱。研究表明,"孩子们与父亲交往的增加也会提高孩子的认知能力和语言能力,并且减少行为方面的问题,父亲对孩子的满意程度对孩子们的认知能力、情感及行为都有积极的影响"。父亲的拒绝、否认会对儿童创造性的发展产生消极影响。正是由于父亲性格、智力的一些积极影响,以及父亲与儿童交往方式的开放性和多样性,常与父亲相处的儿童可以从父亲那里获取更多的知识、经验、想象力和创造力，有利于激发儿童的求知欲、好奇心、自信心、培养多方面兴趣爱好。

北京师范大学教育学博士陈建翔指出：较少接触爸爸的婴儿许多技能发展都比较迟缓，长大后情绪变化较为激烈，易冲动，自我控制力差，自尊心弱，人际关系紧张，反社会行为较多等。父亲在与孩子的接触中，自然会以他们固有的男性特征，如独立、坚强、果断、热情、大方、宽厚、自信、与人合作、有进取心等影响孩子，这就与孩子从母亲的性别特征中得到的诸如温柔、体贴、细腻等方面潜移默化地结合起来，形成孩子较为完善的个性品质。孩子在与父亲的不断交往中，一方面接受影响并且不知不觉地学习、模仿；另一方面，父亲也自觉不自觉地要求孩子具有以上特征。

父亲在孩子心目中往往是力量和坚强的象征。孩子把父亲视为自己的"保护神"，作为父亲应当给孩子一个安全的家，而孩子最大的安全感就是父母彼此相爱，特别是爸爸对妈妈的爱。一方面，父亲对母亲的爱会使孩子产生安全感，这将有助于他在长大后更顺利地建立自己的家庭；另一方面，父亲也用行动为孩子做出了爱的示范，使孩子从小就可以从父亲身上学习到什么是爱和责任。心理医生在考察了一些家庭教育较为成功的家庭后认为："父亲在培育儿女上的作用不可替代，他们有着特殊的力量。"那是因为，尽管母亲奉献了一切，但只有与父亲在一起，孩子们才觉得安全和受保护。例如，三岁的小女孩可可本来是和父母住一起的，自从可可的爸爸驻外以后，家里就只有她和妈妈了，每天晚上睡觉前，可可都要问妈妈："妈妈，你关门了吗？反锁门了吗？"从天黑到睡到床上小女孩要重复向妈妈问几遍同样的问题。不难看出，可可父亲不在家，孩子心里没有安全感，以至于小小年纪的她一到晚上就开始担心家里有没有关门。

在日常生活中，如果父亲经常和母亲闹矛盾，三天一小吵，五天一大吵，或者大打出手，就会使孩子产生恐惧心理，没有安全感，情绪也容易不稳定。长此以往，孩子就会出现心理失衡并出现一系列负面情绪，比如精神恍惚、多动、注意力不集中、爱打架、容易发怒、忧郁，甚至患上强迫症、厌食症、学校恐惧症等心理疾病。事实上，这是由于孩子担心父母分离而产生的心理反应。孩子在潜意识里希望父母因为忙着处理自己的问题，而没空考虑夫妻之间的问题。有的孩子会通过自己的一些"反常"行为来吸引父母对自己的注意力，即使是受到批评和责怪也在所不惜。有研究表明，父亲与孩子早期接触的时间相对缺乏，会导致孩子产生一种情感上被剥夺的怨愤之情，等孩子逐渐长大，亲子关系会变得尴尬，彼此会失去耐心，日渐疏远，产生失落、生气、失望等消极情绪。如果父亲在家庭中扮演的是积极、开朗、温和、幽默的角色，并且家庭氛围和谐，充满关爱，孩子就会很放松，很开心，睡眠质量良好，在生活和学习中表现出较高的积极性。

父亲是孩子通向外部世界的引导者，父亲能提高孩子的社交技能。随着孩子长大，与外界交往日益增多，父亲总是用自己的言行把孩子有意无意地引向外部世界。父亲扩大了孩子的社交范围，丰富了孩子的社交内容，满足了孩子的社交需要。同时，在和父亲的相处中，孩子掌握了更多、更丰富的社交经验，学会了更多、更成熟的社交技能。

（三）父亲角色对儿童道德的影响

美国犯罪心理学专家在分析暴力犯罪者犯罪的原因时发现：他们大都有"在没有父亲的家庭中生活、长大"这一背景因素。父亲对孩子品行的影响是关键的，父亲要关注孩子的道德教育，给予正确和及时的干预和引导。

教育概念首先应该是道德概念，成功的家庭教育是孩子良好道德养成的关键过程。古人曰："爱子，教之以义方，弗纳于邪、骄、奢、淫，所自邪也。四者来，宠禄过也。"也就是说爱自己的儿子，应当用正确的道义规矩来教导他，不让他走上邪道。骄傲、奢侈、淫欲、放荡，是走入邪道的根由。这四者所以产生，是宠爱、得益过分的缘故。但丁说："道德常常能填补智慧的缺陷，而智慧却永远填补不了道德的缺陷。""父亲是孩子的第一个偶像，要做好这个偶像，首要条件是富有正义感。因此，父亲要教育孩子，在生活中不能蛮不讲理也不要屈从于压力，要始终坚持正确的是非观与道义感。"父母对孩子道德方面的肯定和赞扬要基于孩子的实际表现，不能过分夸张，也不能对孩子的善行视而不见。儿童心理学家海姆吉诺特指出，对一个孩子品行方面的赞扬恰恰和他本身的努力和成绩相反，那将是一件有潜在危险的事情。当一个孩子并没有感觉自己像你说的那样"棒极了"时，他会认为你误会了他，愚弄了他，因而心神不宁。

（四）父亲角色对儿童性别意识的影响

尽管父母双方对儿童性别角色行为都有较大影响，但父亲在这方面的作用大于母亲。研究认为，父亲对于孩子正确的性别角色发展有重要作用，朗格卢瓦和唐认为，在孩子性别角色及行为的发展中，父亲的角色比母亲的角色更有决定性。父亲能使孩子的性别角色正常发展，父亲对孩子最突出、最深刻的影响在于对孩子性别角色的引导和塑造。孩子对自己的性别角色定位会影响心理的健康发展，强化儿童与自己性别角色相符合的行为与父亲的作用关系密切。马森也证明了孩子怎样感知父亲的教养方式是性别角色发展的主要因素。父亲积极地和孩子交流，有助于孩子对男性和女性的态度有一个积极、适当而灵活的理解。儿童从有认知能力开始就必须对自己的性别有一个明确的区分和定位，学龄期的孩子开始表现出性别差异意识。如果孩子到了这个时期，还不能从心理上认同自己的性别，不接受自己的实际性别，那么到了一定的程度尤其是青春期，就容易产生性别认同障碍。有性别认同障碍的儿童如果没有在儿童早期及时地得到纠正，成年后他们将比一般年轻人更有可能产生同性恋、易性癖等行为，有时会影响到他们正常地学习、工作、恋爱和结婚。因此对儿童进行正常性别角色的教育，强化儿童对自己性别认同的心理体验是非常重要的。

儿童对自己性别持有正确认同的良好心理，与父亲的影响有直接关系。父亲是男孩模仿、学习男性角色的模型和典范，也是女孩掌握女性角色的重要参照对象。父亲为孩子提供了一种男人的基本模式。男孩子往往把父亲看作是将来发展自己男性特征最现实的"楷模"，从父亲那里模仿学习男性的思维和行为模式。据研究，没有一个固定的男性形象，孩子会缺乏角色认同感和男性特征，变得软弱、缺乏独立性、自主性及目标的持久性，形成男孩女性化倾向，适应环境的应变能力差。如果父亲尊重母亲，以体谅、爱护、诚实、合理、关怀、帮助的态度对待孩子的母亲，这个男孩往往会以同样的态度对待异性。父亲对儿子要求严格，能使男孩学会审视自己的行为、学会承担责任，男孩也能更好地从父亲那里观察、模仿男性的言行举止和处事方式，日渐表现出男子汉气概。不仅男孩，女孩性别角色的发展也同样受父亲的影响。父亲是女孩从小接触到的第一个亲密的、明确的男性榜样，在与父亲的交流中，女孩开始认识到男女之间的差异，这有利于培养女孩儿的女性气质。女孩成人后的性别行为和婚姻关系也更多地受早期与父亲关系的影响，女孩从幼年开始观察父亲如何对待母亲，并在这个过程中了解到男人应该怎样对待女性。女孩子从父亲那里学习与异性接触和交往的经验。如果男孩与父亲相处的时间很少，特别是失去父亲的男孩成年后常常表现偏女性化的行为；而失去父亲的女孩，常常表现得羞怯、焦虑或无所适从，这种行为在与异性交往时尤为突出，成年后对婚姻也会有消极的态度。

二、父亲在子女教育中的正确角色定位

费纳克斯在研究中指出，一个人的"父亲角色"意识与他在小时候感受到的父亲行为有关。父亲在孩子面前起着行为的榜样示范作用，影响着孩子的价值观和处事态度。

（一）父亲给子女榜样力量的条件

儿童会模仿父亲的动作，由此我们可以看到父亲的榜样力量，有榜样力量的父亲必须具备以下三个条件：一是作为榜样的父亲本身应该是有教养的；二是在

孩子心目中，这种榜样应该引导孩子达到他们向往的目标，父亲要有能力完成孩子认为重要的任务；三是让孩子认识到与榜样之间的某些基本的相似性和共性。如果男性在小时候感受到父亲很爱他，很少惩罚他，成年后他会更加认同父亲是"教育者"的角色。

（二）父亲在子女教育中的影响

从我们国家的实际情况出发，父亲角色的内涵必须包括四个方面：一是维护良好的家庭氛围与和谐的夫妻关系，共同抚养孩子；二是承担起父亲职责分内的责任，在经济、心理、生理等方面给孩子照顾和关爱；三是培养民主而亲密的亲子关系，给予孩子好的道德影响和教育；四是具备现代"新父亲"特质，在承担父职的同时兼具母亲的"慈性"，给孩子正确的性别示范。

一位父亲对自己的孩子与家人有责任感，既是孩子的养护者、秩序的规范者，又是家庭的保护者和精神的指导者。正确的父亲角色能造就和谐的夫妻关系，民主的家庭氛围。宽容、智慧、民主、平和、善良、睿智、坚强、忍耐、勇敢、自省的父亲是孩子成长的最好动力和最大财富，也是父亲要努力去增强的品质。

三、父亲在子女教育中角色转换的建议

（一）父亲角色从放任型向管理型转变

放任型的父亲可能培养出支配型的孩子，这些孩子不能忍受任何与他们期望相反的挫折。父亲对孩子的教育要有"度"，做到"管而不死，活而不乱"。

首先，母亲在生活中面对孩子时适时让位给父亲。孩子在母体的孕育中就与母亲有着密切的联系，孩子出生后，母婴的依恋到达顶峰，尤其是母乳喂养期间。在此期间，丈夫感觉失去了妻子的关注，养育孩子的辛苦和琐碎会降低夫妻的幸福感。研究表明孩子在从出生到2岁前，很多父亲都没能真正从心里接受孩子的到来，有的父亲甚至说自己是听到孩子第一声叫自己"爸爸"的时候才有做父亲的喜悦和自豪。孩子出生后会特别依恋母亲，尤其是在幼年时期，也就是说5岁前，是恋母心理发展的重要阶段，会有一种天生的排斥父亲的倾向。精神分析家将这种现象称为"俄狄浦斯情结"。在这个时期，母亲要帮孩子建立良好的父子关系，当孩子拒绝父亲、冷落父亲的时候，母亲要适当和孩子拉开距离，不放大孩子对父亲的排斥，而是要好好开导孩子并鼓励父亲去亲近孩子，单独处理亲子冲突。家庭中最忌讳的是当孩子向母亲告父亲状的时候，做母亲的偏袒骄纵孩子，甚至在孩子面前数落父亲。我们知道孩子是很古灵精怪的，特别会察言观色，看到母亲在家庭中的话语导向，孩子会因为母亲对父亲的态度而排斥父亲。

夫妻缺乏沟通的家庭，母亲对父亲的负面情绪也会影响到孩子，在这种不良关系下，孩子对父亲的排斥会持续到青春期后期。

其次，父亲应确立没有尊重就没有教育，有信任才有教育的观念，懂得教育孩子的前提是了解孩子。通过对孩子的了解，父亲能根据孩子的性格特点、自律程度、学习习惯等对孩子做出相应的要求，给孩子制订恰当的行为准则。做到不放任，不苛刻，在给孩子自由发展的空间的同时给予正确的引导。1993年，著名哲学家黄克剑和教育学者张文质对话时提出了教育的三个价值：授受知识、开启智慧、点化和润泽生命。张文质强调教育要"随顺人的享赋""随顺人的善端"。湖南师范大学刘铁芳教授也呼吁让孩子接受自然的教育，给孩子自然的感化。父亲对孩子的教育也应该是生命化教育，要随顺孩子的生命自然。

再次，应确立教育的核心是学会做人的观念，养成良好习惯是健康人生之基。帮孩子树立健康的人生观和世界观，培养孩子良好的行为习惯。同时，让孩子学会交往、自己对自己的行为负责，警惕情感荒漠化。增强孩子的责任感，锻炼孩子的社会交际能力，让孩子富有同情心和感恩的心。

最后，父亲要乐于陪伴孩子并耐心倾听孩子的心声。工作忙的父亲要尽量抽出时间陪孩子：做游戏、辅导作业、聊天、散步、进行体育运动等；在异地工作的父亲，每天都要花时间和孩子交流，可以打电话、发短信、视频聊天等，关心孩子的生活和学习，让孩子觉得父亲一直在自己身边。教育要回归生活，走向生活，父亲要愿意花时间和孩子一起做一些对于自己来说索然无味的事情。父亲要尊重孩子，静下来倾听孩子的想法，满足孩子的好奇心和求知欲，创造民主和谐的亲子氛围，这样孩子才能敞开心扉，诉说烦恼。虽然孩子不能放任不管，但是如果总是强迫孩子"服从"，结果也只会适得其反。

（二）父亲角色从专制型向民主型转变

真正的教育与急功近利无缘，个体精神生命的生长生成，需要时间来培养，培养孩子能力的同时还要关注个体的身心，关注身心情态的发展，关注个体内在生命世界的扩展，培养他们身心的敏感性（而不是麻木不仁），让他们默默地、无声无息地增长（不可能高速、高效）对世界的爱、关怀、激情，也让他们保持对自我生命的尊重和珍惜。孩子天生好动，是通过摸索来了解外部世界的，在这个过程中发生错误是难免的。但是有的父亲却不允许自己的孩子"走弯路"，只考虑自己的尊严，对孩子缺少耐心，容易冲动，对孩子做出过激行为。专家们告诫父母："太听话的孩子问题更大，因为他们可能失去更重要的东西——创造力。"创造力高的孩子有时候会招人厌恶，不那么循规蹈矩。也有专家认为"调皮的男孩好，调皮的女孩巧"。调皮的孩子敢于尝试，接触的新事物多，大脑受到的刺激多，能激发孩子的智力，并在探索中获得经验，而不是单纯简单地从外部获得认知。父亲不能用成人的思维粗暴干涉，扼杀孩子的创造力和想象力。要知道，达尔文、爱因斯坦小时候可都是调皮的孩子，也做过很多离经叛道的事情的。做一个好父亲，意味着愿意一定程度地放弃以自我为中心的做事习惯，意味着必须打掉过度猖狂的"自恋"。

  专制型的父亲可能培养出胆怯、焦虑、抑郁的孩子。做父亲最重要的品质就是耐心。事实证明，用打骂惩罚的方式教育孩子不仅不能奏效，反而会将孩子越推越远。父亲不应该对孩子进行无端指责，更不能对孩子拳脚相加，这样道义上不允许，法律上也是禁止的，严重的还会构成虐待罪。作为父亲应该耐心揣摩孩子的想法，通过言传身教来感染孩子，宽容孩子，耐心等待，使用正确方式教育孩子，适时引导，这样才能获得孩子的尊重和理解，才能让孩子心悦诚服地承认错误并改正错误，从而唤醒孩子心中的真善美。在现在少子化、独生子女化的社会环境下，我们提倡父亲要严慈结合，对孩子既不能专横、粗暴，又不能过分溺爱，要做到严中有慈、刚柔结合。

  美国最新一项研究显示，从1岁起就开始挨打的儿童在认知测试中的表现糟糕，到三岁时思维能力欠佳，表现出更强的攻击性；但家长平时对孩子充满关心、爱和支持，偶尔发火则不会产生负面影响。杜克大学儿童与家庭政策重心专家柏林认为："儿童1岁时是建立家庭教育以及良好亲子关系的关键时期，但是挨打会给孩子带来消极影响。"美国得克萨斯大学奥斯汀校区人类发展和家庭科学系教师格沙弗指出："几乎全部研究结果都证明挨打会给儿童带来负面影响。从小挨打的孩子更具有攻击性、更容易走上犯罪道路，甚至还会出现精神问题。"他还补充说，孩子会模仿父母的行为，父母的打骂对孩子产生一种"示范"作用，让他们学会适应暴力。

  在高速发展的信息化时代，孩子通过媒体、书籍、网络等平台能了解大量的信息，通过家庭、学校、社会的影响，孩子的思维会更加活跃，甚至能比父亲的观点更客观合理，看问题的层面和视角也和父亲完全不一样。现在的孩子思想活跃、崇尚真理、勇于表达，只有通情达理、胸怀坦荡、真诚直爽、平等民主、勇于自责的家长才能走近孩子的内心。然而，即使父亲有更丰富的社会阅历，但是父亲的成长经历、教育背景、工作环境的不同，对某些事情的看法以及处理问题的方式也不一定都是全面和妥当的，难免出现一些失误。当孩子指出父亲的错误时，当孩子的意愿与父亲相悖时，父亲如果还是刚愎自用，为了维护自己所谓的"尊严"，还压制孩子的话语权，这样父亲在孩子心目中的威信不仅会降低，与孩子之间也会出现"沟壑"。孩子对父亲的态度会有很大变化，轻则敬而远之，重则惧而避之，势必会不同程度地加深双方"代沟"。这就是很多孩子到了青春期容易与父亲发生冲突，形成"代沟"的成因。正确的处理方法是当父亲遇到这种"输给孩子"的情况时，应尊重事实，调整心态，真诚而大度地承认并改正自己的失误。这样做的话，父亲在子女心目中的威信不仅不会降低，反而会陡然升高。反之，当父亲出现失误时，仍然执迷不悟，就会使自己威有余而信不足。因此，父亲作为一个家庭的导向者，要在家庭里营造一种民主和谐的浓厚氛围，给孩子话语权，与孩子做朋友。与孩子最合适的相处就是和孩子做朋友。这样孩子在与他人相处和交往的时候会更加自信，参加工作以后独当一面的能力也会更强。父亲要确立捍卫孩子的权利的观念：尊重孩子的权利，保证孩子的参与权，给孩子选择的权利，懂得玩也是儿童的权利，且过度保护是对孩子的伤害。

有的父亲把孩子视为自己理想的实现者，希望孩子能够完成自己未完成的心愿，望子成龙，望女成凤。如果孩子资质过人，那就皆大欢喜了。但如果父亲的期望超过了孩子的"最近发展区"，孩子得不到父亲的认同，自信心就会受到打击，并认为父亲不爱自己。

作为父亲，应该和孩子保持良好的沟通，了解孩子思想的动态，给孩子正确实际的定位，不要过分强调孩子样样都好。现在我们都提倡赏识教育，父亲要多看到孩子的优点。父亲要给孩子无条件的爱，和孩子保持良好的沟通，保持亲近，在言行中表现出对孩子的了解，紧紧把握住与孩子在一起的时间，陪孩子做他们感兴趣的事。父亲教育孩子要讲究方式方法，尊重孩子的个性特征，客观地认识和对待孩子的长处和缺点，帮助孩子扬长补短，全面发展。父亲要按照孩子的天性培养孩子，相信每一个孩子都能成才，让孩子成为他自己。人们现在都是提倡鼓励式教育，这样可以让孩子认识到自己的优势，培养自信心。在孩子恢复自信的条件下，父亲可以根据孩子的情况，给孩子定一个稍高于孩子现状的目标，让孩子努力就可以真正进步。这个目标一定要在孩子的"最近发展区"里才有利于孩子的进步，目标太低或太高都是不恰当的。

缺少耐心、无法控制情绪是父亲在教育子女时常犯的错误，也是容易被父亲忽视的。马克斯·范梅南说过："确实，耐心一直被描述为每一个教师和父母应该具有的美德。耐心能够让教育者将孩子与其成长和学习所需的实践协调起来。当期望和目标被确定在一个恰当的层次上，耐心就会使得我们在期望和目标尚没有完成，尚需更多时日或需要尝试其他的办法的时候，不着急，不放弃努力。"但是大部分父亲往往没有耐心，急功近利，缺乏期待与从容，不知道在孩子的教育中什么时候顺其自然，什么时候保持沉默。

父亲耐心的缺乏，会进一步演变成无法控制的情绪。无法包容孩子的过错，无法对孩子的要求做出让步，然后矛盾一触即发。父亲对孩子的态度要从一而终，不能根据自己的情绪变化而变化。在与孩子的相处中，父亲要学会控制自己的情绪，学会宽容，从与孩子的冲突中冷静、低调撤退。矛盾的激发是因为双方的不冷静而变得向更坏的方向发展，只要冲突中的一方做出让步，冲突就会消失。父亲应该学会对孩子的任性和挑衅做出反应，进行冷处理，避免正面冲突。这样孩子就会自感无趣，然后顺势而下，或者在内心已经认识到自己的错误。这样，事后父亲也不用生气或者惩罚孩子。平等是父亲与孩子沟通的基石，父亲要向孩子学习，给孩子倾诉的机会，倾听孩子内心的想法，千万别把孩子的特点当缺点。父亲要让孩子爱并尊敬自己，而不是让孩子对自己充满畏惧和愤怒。

美国作家赫格·格恩认为："我觉得现在两代之间观念上的鸿沟有一个原因，人们大多不愿意谈起，就是做父亲的不再是孩子的教师了。他给我的最重要的教育，电脑和教育专家好像都疏忽了，就是什么叫作负责和自己负起责任来的快感。"

郑渊洁曾说过："父亲的含义是榜样。"古有《三字经》曰："窦燕山，有义方，教五子，名俱扬。"说的是五代时候一个成功的父亲窦燕山，他曾经是个奸猾的商人，后来成了一个受人尊重的好人，把5个儿子都培养成了当朝有名的官员，并成传世佳话。乡村医生蔡笑晚成了很多家长追捧的对象。他行医多年，在浙江瑞安一带颇有名气，但他最有名气的还是将5个孩子培养成博士，1个孩子培养成硕士。为此，他被人们誉为"人才魔术师"，并成了中国目前"最火的"父亲。蔡笑晚说："那种每天只知道亲孩子额头的父亲不是好父亲，在教育孩子的问题上，父亲也是关键。"蔡笑晚在工作之余把心思都用在了抚养、教育孩子上面。别人休息，他陪着孩子做作业；别人打牌，他陪着孩子打球锻炼；别人走亲访友，他带着孩子外出旅游。他把和孩子们待在一起当作了一种命运赐予的享受。孩子也在父亲的影响下成才。

著名科学家诺贝尔的父亲热衷于科学研究，对发明有浓厚的兴趣，非常重视对诺贝尔的教育，在家里开办家庭学校教育三个儿子。诺贝尔父亲对科学研究的爱好和家庭的良好创造氛围，对小诺贝尔日后走上发明之路有很大影响。

作为父亲如果只是对孩子进行说教，而不是具体的指导，孩子不仅不容易接受还会嫌父亲麻烦，从而产生逆反心理。而有的父亲对孩子和自己使用两套行为准则，自己从不忌讳在孩子前暴露自己的劣习，对孩子却是要求甚高，"只许州官放火，不许百姓点灯"说的就是这样情况。孩子遇到生活、学习、情感等方面的问题，在困难面前，孩子会迟疑，会失败，会怯弱。当孩子在生活中受到挫折，父亲要帮孩子找到突破口，鼓励孩子迎难而上；当孩子学习上遇到困难，考试考砸了，父亲要给孩子分析并解决问题所在；当孩子在人际交往中遇到难题时，父亲要用自己丰富的阅历来引导孩子；当孩子陷入青春期的萌动时，父亲要提醒孩子把握异性交往之间的度。父亲任何一点点的责骂都有可能给孩子造成很大的心理压力，改变孩子以后处理这些问题的方式和心态。父亲要对孩子做出具体的、可行的指导，而不是严厉的要求、粗暴的指责或讲长篇大论的道理，更不能对孩子有人格上的侮辱、行为上的全盘否定。

培养孩子良好的个性和品质是家庭教育的关键，要达到这一目的，父亲是需要做出努力的。首先，父亲要以身作则，做出表率，引导孩子形成良好的品行。其次，父亲应对孩子适当施以磨难教育、挫折教育，培养孩子坚强的精神。在日常生活中不溺爱孩子，对孩子不骄纵，鼓励孩子做一些力所能及的事情。有一句老话总结："穷人的孩子早当家。"其实就是指在磨炼当中，父亲奋斗的经历对孩子的示范作用，充满压力和历练的成长环境让孩子能更加独立。再次，父亲应该营造良好的成长环境，帮孩子树立正确的世界观、人生观、价值观，及时纠正孩子的不当行为，并在生活中给孩子锻炼的机会。最后，父亲最难做到的一点就是自我批评，也就是自省。父亲以身作则，以理服人，及时自省起到的作用比简单说教给孩子的影响更有效。父亲在孩子面前树立一定的权威是必要的，在发展过程中，父亲完全可以成为孩子的一种精神支柱。但是当权威凌驾于真理之上时，又会束缚孩子的思想，因此，父亲应以自身示范行为，对孩子的过失晓之以理，动之以情。当然教育的过程中不排除适当的惩罚，惩罚最好是以剥夺或取消孩子的某项活动为主，比如取消看电视时间，减少零花钱，推迟与同学外出时间闭门思过等。父亲切记不能对孩子打骂、冷嘲热讽或与其他孩子做比较，以免打击孩子自尊心。孩子犯错了，父亲都会希望孩子认识到自己的错误，并做检讨；父亲自己也难免有犯错的时候，为了给孩子好的示范作用，父亲要勇于承认错误，听取孩子的意见，这样非但不会降低自己的威信，还能获得孩子的理解和尊重。在日常生活中，父亲的一举一动都潜移默化地影响着孩子，对孩子的成长有着独特的作用。作为父亲，希望自己的孩子成为什么样的人，自己就要做出相应表率。

第二节　父亲参与教养与儿童心理发展

父亲作为家庭中的重要一员，其作用一直没有受到重视。长期以来，在探讨父母对儿童自主心理的影响时，通常关注的是父母整体或母亲一方对儿童自主心理的影响，已有研究表明父亲在孩子社会心理、情绪和智力等方面的发展中起着至关重要的作用，不论对于什么年龄阶段的孩子来说，父亲有意识的教养行为都与孩子的积极发展结果有关。而父亲参与教养对儿童自主心理发展的影响体现在自主心理的三个方面：自我依靠心理、自我控制心理和自我主张心理。

一、父亲参与教养对儿童自我依靠心理发展的影响

（一）父亲的个性特征有利于儿童自我依靠能力的发展

父亲作为男性，通常具有独立、自主、自信、果敢、坚毅、开朗、外向、宽厚等个性特征和品质。一方面，儿童在早期阶段的特点就是可塑性大，模仿性强。儿童就是父亲的一面镜子，父亲毫不经意的一举一动都成为儿童心中模仿的榜样，甚至父亲有意无意间的一个眼神都会在孩子幼小的心灵中留下难以磨灭的痕迹。所以父亲这些独立、自信、自主的品格会在父亲教养的过程当中潜移默化地影响儿童自我依靠能力的发展，父亲这些本性特征和个性品质对儿童有着强烈的影响力和感染力。因此，在每个儿童心中，父亲都是一个完美的榜样。儿童能够从父亲身上感受刚毅和力量，获取应对外面现实世界所需的信心和自主能力。有父亲时常陪伴的儿童会表现得更加自信和更有安全感。因此，父亲经常参与教养的儿童在与父亲的互动中自然地就习惯了依靠自己力量做事情，能够相对地不经常寻求他人的帮助，即儿童自我依靠能力得到了增强。另一方面，父亲的本性往往决定了其不具有母亲般的细腻和温柔，也不可能像母亲那样每分每秒地关注儿童，在儿童需要帮助的时候给予及时的回应，甚至会忽略儿童对于困难的求助。正是由于父亲的"忽略"使得儿童的需要得不到及时的满足，儿童只能被迫地自己想办法，也许会出现错误，但是儿童获得了自我调整的机会，锻炼了自己，使得他们逐渐形成凡事依靠自己的习惯，使自我依靠能力得到了发展。

（二）父亲有明确的目标有利于儿童自我依靠能力的发展

可以说父亲会较母亲有更强烈的意识培养儿童自主性。父亲对孩子的行为一般有比较明确的要求和标准，他们会经常教育孩子要对自己所做的事情负责，比如鼓励孩子收拾自己的杂物等。父亲能够在日常生活中不断对儿童自我依靠行为进行强调，从而内化为儿童的自我要求，进而促进其自我依靠能力的提高。例如，当儿童遇到疑难问题时，要积极支持并鼓励儿童进行自我主动探索，而非直接将答案和解决方法告诉他们。这就培养了儿童独立的思考能力，在日后的生活中他们会表现出更多的自我依靠行为。在这个过程中，父亲再有意识地多加肯定，儿童的自信会增强，这种自信会增加他们在以后面对独立解决还是求助时更加果断地选择自我依靠，这种独立行为不但会增加，而且还会伴随很多快乐的体验。可见，父亲培养自主性的明确目标能够有效促进儿童自我依靠能力的发展。

（三）父亲的教养方式有利于儿童自我依靠的发展

父亲和母亲通常具有不同的教育方式，母亲对孩子的爱比较细致，不注意变化，所以母亲的教育方式往往对孩子产生某种束缚。与此相反，父亲教养方式的总体特点是：偏向宽松，抓大放小，该严则严，该放手就放手。当儿童遇到问题或困难时，母亲往往容易包办代替，替儿童解决，而父亲则通常会鼓励儿童独立处理问题，以培养孩子的自立能力。专制型教养方式的父母强调孩子对自己命令的服从，因而这种教养方式限制了孩子自主性的发展；溺爱型教养方式的父母往往给予孩子过多的自由，他们可能只干预儿童的安全和健康事务领域的事情，所以他们的孩子或许可以较多地享受自主权，但是这过多的自由又可能导致孩子产生不良行为甚至犯罪行为。而权威型教养方式的父母既给予孩子一定的自主权，允许他们有自己的想法，又对他们的行为有一定的限制，而这些限制恰巧符合社会对个体的种种标准。因此权威型教养方式最有助于儿童自主性向着健康和谐的方向发展。还有研究结果也表明，权威型的教养方式有利于儿童自主性、自我依靠能力及学校适应性能力等方面的发展。而父亲这种"抓大放小，该放手就放手"的教育方式恰巧符合权威型的教养特点，父亲会比母亲更多地放手，避免对其过度保护和溺爱，让儿童遵循自然发展的原则，同时会在适当的时候给予孩子一定的帮助和指导，不强加干涉，培养儿童的独立意识，在出现儿童不能解决的问题时表现出让儿童自己解决的倾向。所以，从父母两方面的差异来说，母亲的过度干涉和束缚的教育方式不利于儿童自我依靠能力发展。而父亲这种"抓大放小，该严则严，该放手就放手"的教育方式更有利于儿童依靠自己的力量，独立解决问题。因此，父亲较多参与教养的儿童自我依靠能力发展得更好。

（四）父亲作为儿童游戏的主要玩伴有利于儿童自我依靠的发展

游戏是儿童期特有的主要活动，父亲通过触觉和身体运动方式来陪同孩子做游戏，给儿童以强烈的大动作身体活动刺激，促进其身体发育。父亲在儿童成长中最基本的角色就是一个玩伴，父亲的主要教养行为是与儿童共同游戏。父亲和母亲陪同儿童游戏的方式差异对儿童有不同的影响。在游戏方式上母亲更多地与孩子进行一些温和的保护性的活动。而父亲则通过身体运动与孩子一起玩耍，做一些剧烈的、需要儿童依靠自己力量完成的冒险活动。特别是在游戏态度上，若是儿童在游戏中摔倒了，母亲可能会心疼地冲过去扶起儿童，然后会安慰儿童说"没摔坏吧？都怪石头！""以后千万别乱跑，听话就是乖宝贝！"而父亲常会大声地说："勇敢些，自己爬起来！""想想是什么原因让自己摔倒了？是不是因为没看路？摔倒了也要独立地爬起来，不要依赖妈妈！"这些点滴指点会为儿童自我依靠的发展打下深深的烙印。父亲是儿童认识外部世界不可缺少的引领者，父子之间的游戏能够使孩子摆脱对母亲的依恋，很好地激发儿童对外部世界的兴趣。在孩子探索世界的过程中，父亲能够及时地鼓励孩子积极独立地直面挫折，面对陌生情境依靠自己力量，而不是出于心疼孩子替孩子排忧解难。这就为儿童大胆地探索和独立地解决问题创造了有利的条件，从而使儿童获得更大的成就动机和对自己能力、操作的自信心，这会让儿童在日后的生活中更多地依靠自己，而不是寻求其他人帮助。因此，父亲较多陪同儿童进行游戏的儿童，自我依靠能力发展得更好。

二、父亲参与教养对儿童自我控制心理发展的影响

人的发展按照亲密性和独立性两个方向发展。母亲教育的功能是培养孩子的亲密性，父亲的教育则主要是培养孩子的独立性、约束力以及如何控制自己的情感。当父亲参与到儿童的教养中时，儿童会表现出更少的攻击行为、更好的冲动控制和社会适应能力。以中等程度和高等程度参与儿童教养的父亲与以低等程度参与儿童教养的父亲相比，前者的孩子表现出更好的自力控制作用（自力控制作用是指孩子不容易受某种外部因素影响，能够对自己遭遇的结果负责），而父亲缺失的青少年情感障碍尤为突出，大多存在焦虑和自制力弱等缺陷。由此可见，父亲的参与对儿童自我控制有重要的影响。

（一）父亲的培养目标有利于儿童自我控制能力的培养

父亲往往对于孩子有更明确的培养目标，母亲虽然对孩子的期望值较高，但在实际教育中却容易无计划，而父亲更具理性，对孩子的理解比母亲更客观，往往对孩子有更实际的培养目标。父亲作为一个家庭的主要经济支持者，他们比母亲有更强的社会经验和社交技能，他们能更深刻地感受到人际交往的技巧性和艺术性。儿童将来能否成为一个优秀的人，不仅取决于学业成绩好坏，还取决于社会适应性和处理社会关系的能力的高低，因此父亲会有更明确的目标来培养儿童的社会性。儿童在最初来到这个世界上之时周围的一切都是陌生的，他们的交际圈从最初的父母、亲人逐步扩大。父亲是儿童与外界发联系的主要引领者，他会鼓励儿童多与其他伙伴交往，鼓励儿童主动与不熟悉的人展开交谈。我们可以发现在儿童期儿童的社会性已表现出很大的差异性。已有研究表明，儿童的自我控制能力发展与他们的整个社会性发展之间存在显著性正相关，换言之，儿童的自

我控制能力与儿童的社会性发展是相辅相成的。自我控制是指儿童能够根据适当情境来调整自己的行为，克制自己的不合理愿望，以满足某种目标的需要，其属于社会价值取向范畴。父亲明白人的社交能力是逐渐锻炼出来而非一蹴而就的。当自己的孩子和其他同伴交往失败或者出现冲突时，他不会气馁更不会责怪孩子，而是理性地帮助孩子意识到交往失败的问题出现在哪里，以便在下次交往中获得成功。如此，儿童与人交往的积极性并没有打消，并且会在与其他同伴的交往过程中逐渐明白与人交往不是随自己意愿而定的，而是有一定规则的。在一个群体里，要学会考虑其他小朋友的感受，并根据那些潜在规则和所处情境来调整自己的行为，这样才会成为受欢迎的人。同时，也不应压抑自己的想法，对自己的情感和行为能很有"度"地进行控制。久而久之，儿童的自我控制能力就得到了增强。

（二）父亲的权威性有助于儿童自我控制能力的发展

父亲作为社会文化的主体，在一个家庭中是理性、权力和规则的象征，是家庭和社会的纽带，是社会行为规范、道德和价值理念的直接示教者，在家庭中处于第一位，所以父亲的教养方式通常是具有权威性和规则性。如在制订规则方面，母亲倾向于迁就孩子，而父亲则更注重与孩子建立规则。儿童的自我控制能力是在自我依靠的发展过程中逐步形成的。儿童最开始只按照自己的冲动行事，对于社会规则还没有一点概念，儿童会在与外界的交往中逐渐限制自己的行为，使自己的行为符合社会行为规范，由此产生自我控制的能力。如果父母在儿童的早期阶段无原则、无限制地满足儿童所有要求，那么儿童对自身的行为的调控能力以及自我控制能力不但不会发展反而会退化。在面对外界发生的情况时，只有能够根据社会规则对自己的心理状态及行为状态进行恰当调整的人才能够避免冲动，在现实中对事物做出公正的判断，并决定自己想做的事情。

在家庭中，母亲往往是感性的，会因为过分心疼孩子而对孩子造成溺爱，会对孩子的要求想方设法地满足。当孩子犯错误时不理睬、不限制，这种无原则的迁就、满足，会导致儿童只知道索取、任性、自理能力差，缺乏自控能力。而父亲权威的教育方式能更好地处理自由与限制之间的关系，在充分培养儿童独立活动和独立交往的同时，让儿童理解正确的行为规范，培养良好的行为习惯，对儿童的不合理要求与行为要严格限制。父亲的形象会在儿童的潜意识里产生一种威严感，这对儿童也起到一种潜在的监督作用，促使他们不敢偏离社会行为规范。儿童会逐渐将这种潜在的监督内化成自身的调控机制，从而能够根据现实情境来克制自己不符合实际的愿望，并相应地调节行为，其自我控制能力能到发展。

此外，父亲在家庭中处于核心地位，他的参与会有效地促使家庭形成一种稳定的、持久的规则，这种规则可以促进儿童提高管理情感和控制冲动的能力。而已有研究表明了家庭规则对儿童的自我控制有很大的影响。国外许多研究也表明，家庭规则和孩子的社会竞争力与顺从存在显著相关。而顺从在一定程度上表现的就是自我控制维度，稳定的家庭规则有助于孩子形成自我控制的意识。对于儿童来说，规则和限制的建立可以帮助儿童发展形成自我监管，并有助于儿童控制冲动的能力的发展。这些研究成果都不同程度上表明了父亲的有效参与有助于儿童自我控制的发展。

（三）父亲与儿童积极的互动交流能够促进儿童自我控制能力的发展

父亲在与儿童的交往中，较母亲更多地采用平行、平等的形式和积极鼓励的态度。父亲与儿童的积极交流表现在生活中与儿童沟通、游戏，并听取孩子的建议。这种教养行为既不是对子女自发的行为进行管制和约束，也不是放纵子女，而是愿意倾听子女的想法，并以民主的方式和孩子共同商讨。这种既尊重又和谐的教养方式更有利于儿童自我控制能力的发展。利伯特的研究证明了榜样的作用对儿童的自我控制行为有很大影响，儿童在与父亲的不断互动交流中，逐渐学会了现实生活中的社会规则和规范，较少情绪化地处理各种问题，并学着父亲用理性的方式考虑问题。儿童逐渐发现并学会了控制即时冲动而等待更好的结果，在与父亲的不断互动中把社会的要求逐渐内化为自己的内在要求，逐步提高对自己行为的自我意识、自我监管。他们对自己行为的控制从开始的受外部调节慢慢转化为内在的调节机制。国内关于自主性的研究表明，父亲与儿童较多互动交流能直接影响儿童的自我控制行为和主动性行为。相关研究也同样表明了，在社会性行为方面，与父亲有较好互动交流的儿童会比与父亲缺乏沟通的儿童有更强的心理调节能力以及较少的反社会行为。而自我控制又是儿童社会性发展的重要组成部分，并且同步发展。因此这也间接地说明了父亲与儿童积极的互动交流有助于儿童自我控制能力的发展。

（四）父亲的教养态度对儿童自我控制的影响

父亲在家庭教养中经常对儿童表达一种理解、信任和支持的情感态度，对父子之间出现的冲突能够积极乐观理性地处理。站在儿童的角度换位思考，这种和谐的心理氛围有利于儿童对自我控制的内部认知，进而影响到儿童形成的自我控制类型，父亲积极稳定的教养态度有助于儿童形成约束型顺从（自我控制的类型分为情境型顺从和约束型顺从两种。情境型顺从只是外界受到强制而产生的表面屈服，它是暂时的、非内化的；而约束型顺从是内化了的顺从，它不是停留在表面的，而是发自内心的愿意接受）。这种约束型顺从的儿童自我控制能力的发展会越来越好。

有研究表明，采取严厉教养态度的父亲会让儿童形成抑郁的特质，而有关气质和自我控制的相关研究表明有抑郁气质的儿童自我控制能力较低。还有研究表明，父亲的过分关心或拒绝的态度可以显著预测儿童的外显问题行为和内隐行为，不但导致儿童的挫败感，而且父亲的榜样作用也会使他们在与同伴交往中以相同态度对待别人。在这种氛围中成长的儿童缺乏对公正的理解，可能会表现出飞扬跋扈、不能忍受失败等行为，更不能很好地根据情境来调节自己的行为。因此，父亲积极理解、信任和支持的教养态度能够有效促进儿童自我控制能力的发展。

三、父亲参与教养对儿童自我主张心理发展的影响

自主性发展的最终目标就是自我主张的发展，指儿童能够不受他人影响和支配，相对地自己做主。儿童的思维及心理发展虽然都处于初级阶段，但是每一个儿童都是独立的、有思想的，他们能够在有力的影响下提出自己的想法、观点，形成并发展相对稳定的自我主张能力。父亲参与教养能够有效促进儿童自我主张能力的发展。

（一）父亲的外倾性特征和经验开放性有利于儿童自我主张的发展

母亲受传统文化因素影响，主要任务是"照顾家里"，她们会让儿童个人的关注从属于自己的习俗要求，以"孩子听话"标准去衡量教育孩子。父亲一般比母亲有更广的社会接触面，所以他们往往较母亲更有外倾性的特征。外倾性特点表现在积极情绪较高、外向、健谈、活跃、乐观和自信。根据儿童模仿的特点，父亲有较多参与教养的儿童有较强的外倾性。他们与同龄其他儿童相比与外界交流时能够更主动积极、能够更加善谈，当有自己独特见解的时候敢于大胆主动地提出。同时，对新事物也会有强烈的求知欲望和好奇心，儿童会依靠自己的力量去寻求对新事物的理解，并不易受他人的影响，这种行为表现不仅有利于儿童自信心的建立，也有利于儿童自我主张的发展。此外，也有研究结果表明，母亲的外倾性人格有助于儿童自我主张能力的发展。而父亲较母亲更具外倾性的人格特征，这也间接说明了父亲参与教养更有利于儿童自主性的发展。

此外，父亲相对于母亲对儿童有较少的控制行为，比母亲有更强的经验开放性，这一定程度上有助于儿童形成自己做主，不受别人支配的习惯，从而使自我

主张的能力得到发展。据国外研究统计,在婴儿会爬行时,父亲允许孩子爬出的范围比母亲所容许的范围多一倍。当儿童面对一个陌生的事物时,比如说一只狗或陌生人时,母亲通常会本能地靠近孩子,让孩子感觉到被保护,而父亲则倾向于站在一边,让儿童独立地去探索。母亲对儿童的学习、生活通常期望较高,管教过严。儿童在幼儿园中打人、挨打是很普遍的现象,母亲常会因为过分担心孩子而限制孩子的活动范围、交往范围,而父亲通常不像母亲那样,对于玩泥土、玩沙子这种户外游戏会采取支持的态度,从这点上看,父亲显得更为宽容。母亲的爱是保护性的,而父亲的爱是深沉的、严肃的爱,他更理性地考虑儿童未来要独自一人面临所遇到的问题。随着儿童社会认知能力的提高,他们会逐渐正确反馈自己独自处事中的行为,从而形成独立的意识。所以,父亲这种倾向为他们留下自我挑战的时间和空间的做法,为儿童自我主张能力的发展创造了可能的条件。研究表明,儿童自我依靠和自我主张能力与母亲心理控制水平呈显著负相关,即母亲心理控制水平高,儿童自我依靠和自我主张能力就低,反之亦然。此研究结果间接地说明了心理控制水平与儿童自我主张的关系,而父亲教养会对儿童的一些行为采取更宽容的态度,也就说会比母亲少一些心理控制,因此父亲较多地参与儿童教养会使儿童拥有更多的自主发展空间,从而有利于儿童自我主张能力的发展。

(二)父亲开放的教养方式有利于儿童自我主张的发展

母亲细腻的教育方式常常包括替他们决定穿什么衣服,吃什么东西,玩什么玩具,学什么课程等,而父亲通常是"抓大放小"的教育方式,他在个人事务上很少帮儿童做决定,而是在给予儿童适度引导的前提下,允许孩子自由地决定自己的事情,使儿童逐渐对于发生在个人身上的事学会依靠自己的力量去处理,不轻易寻找别人帮助。个人事务是指个体只对行为人产生后果,并不属于超出常规和道德约束的行为,也无须判断对错,只属于个人选择和个人喜好。成人对于此类个人事务领域的问题应该给予儿童自由选择和自主决定的机会,如食物的选择、玩具的选择,这些都要让儿童自己控制、自己做主。基尔的研究也指出:"让儿童有机会与他人交换看法和尽可能让他们自己做决定是自主性发展过程中的最重要的两个因素。孩子在个人事物领域内的自由行为会养成自我选择和自我决定习惯,从而使自我主张能力得以发展。"

此外,母亲往往比较注重事情的结果,怕孩子犯错误,这样不利于儿童心理发展,特别是自主性的发展。如果儿童总是被强化犯错所带来的糟糕后果,儿童甚至会形成压抑、抑郁的性格。儿童会因为担心犯错而从不敢提出自己的想法,难以形成自我选择和自我决定的意识，而父亲开放的方式既不会包办代替、也不会强调后果，他会以支持者的身份对儿童加以引导，鼓励孩子做事要亲力亲为，要大胆去尝试并敢于坚持自己的与众不同的想法，从而培养了自我主张能力的发展。

（三）父亲的积极教养态度和情感表达都有利于儿童自我主张的发展

父亲采取积极的教养态度并与儿童有积极的安全的情感关系的儿童自我主张能力发展更好。母亲更多满足了儿童养育和情感的需要，影响的是儿童内部价值的感觉，我们称为"依恋关系"。而父亲则较多地满足儿童探索外部世界的需要，影响着儿童外部价值的感觉，我们称为"激活关系"，它满足的是儿童在具备安全感的同时，勇敢克服困难的需要、学会面对挑战的需要和得到激励的需要，并且能开放地、独立地面对外部世界。卡琳等人的研究结果表明，与父亲有安全情感关系的儿童比不安全儿童在同伴相处中更少地表现出焦虑和退缩行为，能较好地调节外界的压力，并表现出更多的自信、主动和独立。这项研究的结果告诉我们父子安全关系的特质能够预测儿童焦虑、退缩行为表现程度，母子关系在这方面不显著。而焦虑和退缩就是缺乏独立和自我主张。

如果父亲对儿童的自发行为给予积极的回应，经常表达对生活的热情，让儿童自己决定做某件事情或要什么东西，在这种相互尊重下建立起来的亲密感情对儿童的自我主张发展很重要。这种亲密感会使父子之间心理上没有距离感，儿童敢于在父亲面前表达自己的不同意见。即使在幼儿园，他们也敢于表达出与教师或其他儿童不同的意见，这种主动大胆、不受他人干扰体现的就是儿童自我主张的发展。同时，父亲的这种情感表达方式，有利于儿童发展成积极乐观和易于适应外部环境的性格特征，这样的儿童往往形成了良好的情绪体验，这种良好的体验大大增加了儿童的自尊心和自信心，他们对自己也有较高的自我评价，从而敢于提出自己的想法，能够自己做主，并不受别人的支配。如果父亲对儿童的自发行为总是面无表情地忽视、拒绝、过分干涉或者惩罚严厉，常常让儿童体验到自己的无能和失败，这会使他们得不到情感支持，心情沮丧，形成消极的自我评价。儿童为了避免父亲的这种严厉惩罚，就会在平时的行为中处处小心谨慎，甚至畏缩不前，很少提出自己的主张，容易受别人的暗示或者支配，因此，自我主张的能力也就不能很好地发展。

此外，父亲在家庭当中处于核心地位。父亲的一言一行支撑着整个家庭的喜怒哀乐，父亲对妻子和儿童积极的情感表达能够促使家庭中形成一种持久的、稳定的、积极的情绪氛围，这是促使儿童自我依靠、自我主张健康发展的必要条件。已有研究表明，家庭的情绪氛围和家庭成员的态度会对儿童自主性的形成产生影响。儿童在与成人社会的相互作用中会产生个人事务中的自我观念,进而形成自我主张能力。在此过程中,一方面,儿童要自己决定自己的事情;另一方面儿童也要获得与成人协商的机会并获得相关的信息。儿童不敢发表意见,主要是因为氛围紧张,儿童的心理受压制,从而没有和成人协商的勇气,而且容易屈从外界的压力而改变自己原有的想法和做法,导致出现从众行为。因此,父亲要能够通过支持母亲抚育儿童并创建和谐健康的家庭氛围,来对儿童自我主张能力的发展产生积极的影响。

(四)父亲作为儿童游戏的主要玩伴有利于儿童自我主张的发展

母亲可以作为儿童的游戏玩伴,并表现出极大的耐心。但是父亲在陪同儿童游戏过程中表现出和母亲截然不同的风格。母亲愿意和儿童一起进行规则性游戏,倾向于开导式的、言语化的方式。父亲则处于一个特殊的位置上影响着儿童的游戏和选择,父亲擅长引导儿童进行触摸、体力、激发的游戏,这些游戏通常具有不可预见性、新奇性、变通性和多样性等特征。在这些探索性的游戏活动中,父亲会比母亲更能鼓励儿童的独立、冒险精神。

父亲具有男性风格的游戏方式对儿童是一种特殊的影响力和吸引力。巴伯的研究表明女孩的自信的发展和父女间伴有情感接触有关。男孩的自信的建立也和父子之间的抛起游戏有紧密联系。这种自信会使他们在探索世界的过程中,面对陌生环境表现出更多的勇气。同时,父亲能引发儿童在游戏过程中的积极情绪,给儿童带来快乐和满足,这种快乐和满足对于儿童积极地表达自我想法,进行自我选择具有积极的意义。有相关研究已证明了与父亲经常进行游戏的儿童表现出更高的生命激情、意志力和自主能力等品质。因此,父亲较多参与儿童教养能够促进儿童自我主张能力的发展。

第三节 父子关系与儿童心理发展

父子关系影响着儿童认知能力、性别角色、人际交往、情绪情感、道德行为及各种人格品质等社会化的发展。从父子关系的角度出发来透视现代教育理论的不足和存在的问题,加深对父子关系的理解,从而为儿童教育提供理论支持。儿童社会化是人的早期社会化,是个体社会化发展的关键阶段,对于儿童的发展至关重要,它奠定了个体终身社会性发展的基础,在儿童早期塑造人格、构建价值观念和培养行为习惯等方面具有十分重要的意义。在儿童早期,社会化如果得以顺利发展,那么,儿童在未来的发展过程中就会具备适应社会需要与社会变化的能力,并且会掌握处理各种复杂社会现象的技巧,妥善处理各种复杂的人际关系。

一、父子关系的特点

自古以来,我国都在推崇儒家文化,儒家思想强调社会和谐,注重清晰的权威界限,提倡为了集体的利益牺牲个人的利益。很多文化理论家认为父亲的教养观念和行为也会展现出这种文化的特征,例如,集体主义(强调相互依存的关系,权威的等级等)和个人主义(强调独立,与其他人分离等)。此外,受儒家思想影响的集体主义观点还引发了对于家庭中性别角色的划分:父亲是家庭中的领导者,制订关于家庭和孩子的重要决定。父亲主要负责对孩子的教育和训练,"严父慈母"长久以来都被认为是中国家庭的固有特征。有些父亲仍然在家庭中保持着权威严肃的传统角色,对孩子的教养参与较少,缺乏和孩子的沟通与交流,惯常采用训斥和体罚的方式对孩子进行管理,造成父子间关系比较疏远。这除了与父亲个人的态度和行为风格有关系以外,还受到传统文化的影响。

但是从整体上来说,城市儿童与父亲的关系是亲近的,能彼此信任和理解,出现的冲突比较少。这说明我国现代父子关系跟以前已经有了很大进步。这种进步与时代的变迁和社会的进步是密切相关的。首先,在中国城市化和工业化的进程中,女性就业率大幅度增加,这使得男性必然要承担更多照顾孩子和做家务的责任。其次,我国实行的独生子女政策让中国家庭的动力和功能发生了很大的变化。有学者认为,独生子女政策催生了"西式"的教养方式,变得以孩子为中心,这种情况在文化程度高的家庭中尤为明显。再次,新时代的父亲的受教育程度比上一代父亲有了很大提升,这也更便于他们接受科学的教育理念。最后,随着我国经济发展,大量西方先进的教育思想和教学方法被引进和介绍进来,这不仅打破了中国传统旧教育的思维模式与理论框架,促进了中国教育由封闭走向开放,也让中国父亲得以吸收先进的教育理念,与孩子积极互动。

关于西方家庭的研究告诉我们,西方家庭的角色已经发生改变。父亲负责赚钱养家,母亲负责照顾孩子这一传统模式转变成一个更平等的关系,男性和女性也都越来越认同教养中的平等观点。父亲承担越来越多的照顾、玩耍以及做家务的工作。因此,父亲可以被定义为"积极的共同照顾者",而不仅仅是"帮助者"。这代表着一个更为社会化的父亲理想。而在我国可以看到的是,虽然在大多数家庭中,母亲仍然承担着大部分的照顾责任,但是父亲也越来越多地参与到家庭事务中来了。儿童期待父亲既能承担供养和照顾家庭的责任,又能像朋友一样一起玩耍和交流。这也说明,中国父亲的角色正在发生改变,从传统的经济供养、教育训导角色往更多元化的方向发展。

二、父子关系的影响因素

第一,家庭是一个结构单位,个体之间相互依存。在整个单位的情境中,才能对个体进行最好的理解,个体的功能不仅跟他们自己有关,而且跟系统中其他成员的行为有关。因此,如果我们要理解父子关系,不仅要考虑父亲的贡献,还要考虑孩子以及母亲的影响。

第二,家庭系统不仅包括相互依存的个体,而且也包括相互依存的子系统,包括夫妻关系和父子关系。要想更好地理解父子关系,不仅要考虑个体,还要考虑其他子系统的影响。因此,我们把婚姻满意度作为夫妻关系的衡量指标,考察了夫妻关系这一子系统对父子关系的影响。

第三,家庭系统理论认为家庭进程不仅是家庭过程也是相互影响的。家庭过程相互作用的属性认为父亲、母亲和孩子对父子关系的影响可能在彼此影响中互换角色。通过检验父子关系和儿童心理适应之间的双向作用模型,发现父子关系会影响儿童的亲社会行为,而儿童的亲社会行为也会影响儿童和父子间的关系。

第四,研究者在家庭系统模型中融进了生态敏感性,强调家庭是在一个更广泛的社会经济环境中运行。研究者还认为家庭在社会中的地位、父亲的受教育程度、种族、工作和家庭的相互作用都会影响家庭功能。

三、父子关系对儿童心理发展的影响

家庭是个体发展的重要环境,夫妻关系、父子关系、同胞关系等对个体发展都有重要影响。父亲是儿童发展过程中的重要角色,与家庭中的其他人际关系相比,父子关系对青少年的影响更直接,是影响个体人格发展、心理健康、适应状况的重要因素。

(一)父子依恋

父子依恋是指孩子与父亲之间形成的长期的、持续的情感联结。安全依恋是儿童青少年良好发展和社会适应的重要基础。随着孩子的年龄增长,父子依恋具有一定的稳定性。研究者通过分析和研究发现,婴儿期的父子依恋与成年期的父子依恋具有中等相关。此外,与不安全型依恋(矛盾或逃避型)相比,安全型依恋的稳定性更高。

在婴儿时期和童年早期,父子依恋对儿童各方面的发展都有重要影响。当父亲对孩子的需求信号敏感、并能满足其需求时,孩子对父亲便会形成安全型依恋。研究者通过分析发现,拥有安全型父子依恋的儿童积极社会能力发展更好、认知功能发展水平更高、身心健康水平更高。需要注意的是，父子依恋不但会影响童年早期的适应情况，还会直接影响到青少年、成年阶段的各种角色表现，甚至对个体成年后夫妻关系、亲密关系等人际关系产生持续影响。安全型依恋的儿童青少年，认为他人是安全可靠的，在与他人的交往中有更积极的认知、情感和行为，在学校表现良好，有较高自尊，更少出现问题行为；不安全型依恋的儿童会表现得更焦虑，在自我独立与自我决策中感觉到更多压力。新西兰一项追踪研究发现，青少年（15、16岁时）的父子依恋情况与其在成年期（30岁时）的心理适应功能呈显著相关，个体父子依恋质量越低，成年后出现抑郁、焦虑、自杀行为、药物滥用和犯罪等不良适应问题的可能性越高。

此外，父子依恋还能缓解不利因素对儿童青少年的消极影响。安全型依恋能显著调节父亲消极教养方式对青少年问题行为的影响，即安全型依恋能够削弱父亲的严厉教养对其问题行为的负性影响。

（二）父子冲突

父子冲突是指父亲与孩子由于双方在认知、情感、行为、态度上的不相容而产生的内隐或外显行为的对抗状态，既可以表现在心理层面，也可以表现在言语层面，同时还可以表现在行为层面。

在青春期阶段，父子冲突出现明显变化，呈倒U型发展趋势。在青春早期，父子冲突开始上升，到青春期中期达到最高值，在青春期晚期或成年早期开始呈下降趋势。此时父子冲突的内容主要是家庭日常生活中的一些小事，如是否按时回家、是否定期收拾房间等。相关研究结果表明，在生活中母子冲突多于父子冲突，父子和母子在冲突内容上有很大不同，侧重点也有所不同。父子冲突最多的是学习方面，母子冲突最多的是生活方面。

大量研究显示，父子冲突会对儿童青少年在认知发展、情绪管理、人际适应、问题行为等不同层面产生直接的不利影响，如导致抑郁、孤独等不良情绪适应问题，排斥同伴等不良社会适应问题，攻击行为等问题行为的出现。但也有研究发现父子冲突与孩子不良适应问题不存在显著关联，研究发现母子冲突不能预测孩子的攻击行为。需要注意的是，这一时期的父子冲突并不只有消极作用，也具有积极的发展功能。适度的冲突不但能够增强个体应对事件的能力，提高社会适应性，还有助于儿童在向成人转变过程中获得社会责任感以及积极探索自我。父子冲突对个体是积极还是消极影响，不在于冲突本身，关键在于父亲及孩子对冲突发生后的应对策略。

（三）父子亲和

父子亲和是指父亲与子女之间亲密、温暖的情感联结，既可以体现在双方积极的互动行为之中，又可以体现为双方对彼此的亲密情感。父子亲和是父子关系质量的一个重要衡量指标。父子冲突与父子亲和并非是完全对立的两个维度，个体与父亲的关系常常是冲突与亲和并存。斯梅塔娜等人的一项持续5年的追踪研究发现，父子冲突与父子亲和在青少年期的发展模式不同，青少年与父亲的亲和发展较为稳定，变化不大，而父子冲突则呈现先增加后减少的趋势。但也有研究者通过同辈样本的分析发现，在青春期阶段父子亲和呈线性下降的趋势。这两种结果可能是由于两者使用的样本和分析方法不同造成的。

有研究者认为，父子亲和是儿童正常发展的基础，且能够对个体健康发展起到最为稳定的保护作用。首先，父子亲和能直接促进儿童青少年心理健康发展。研究表明，拥有亲密、温暖父子关系的儿童青少年主观幸福感等积极情绪更高，同伴关系、师生关系等人际关系更和谐，社交能力及社交胜任力更高，外化问题和内化问题更少，冲动情绪较低。在高父子亲和的家庭环境中，父亲与子女之间具有较高的亲密情感联结，儿童能较好地感受到父亲对自己的爱、支持与关注，能更好地接受父亲的教育和指导，并进行内化，因而父子亲和有助于儿童青少年心理健康发展。其次，父子亲和还能成为抵御儿童青少年发展风险的"安全堡垒"，能减缓不良因素的消极影响。研究者通过研究发现良好父子关系能显著调节社会负性环境对流动和普通儿童问题行为的消极影响，即良好父子关系能减少社会负性环境对儿童的消极影响，对儿童起到保护作用。研究表明，高亲密度的父子关系能缓冲儿童所在班级冲突氛围对其内化问题行为的消极影响。由此可以看出，父子亲和能显著抵抗危险因素对儿童青少年问题行为的消极影响，是个体发展重要的保护性因素。

四、父子关系与儿童心理发展对父亲的影响

（一）充分认识到自己对于儿童发展的重要性

我国自古有着"男主外，女主内"的传统家庭观念，许多父亲"理所当然"地将抚育儿童的责任推到母亲身上。然而随着社会的发展，父亲角色地位也悄然发生着改变，这就要求父亲必须随之改变传统的家庭观念。在家庭这个系统中，子女既需要父亲，也需要母亲，需要完整家庭的爱，父爱母爱有各自的特点，对孩子的健康成长都是不可或缺、不可替代的。

（二）增加和孩子的高质量互动

父亲应该处理好工作和家庭的关系，不管多忙都要尽可能多与孩子相处。

除了对孩子进行教育和管理以外,还应多和孩子进行高质量的互动,如游戏、运动、带孩子出去玩等,这对父子关系的提升和儿童身心健康的发展都是非常有益的。

(三)积极学习科学的教育理念和方法

中国古代《三字经》里讲到"子不教,父之过"。对于教育孩子这一职责,很多父亲都有认识。但是还要注意的是教育的方法。"打是亲、骂是爱"的观念已经不符合时代的发展了。新时代的父亲应该多对孩子关怀,在原则范围内多给孩子自由,多进行平等的沟通,摒弃粗暴打骂的方法。这样既符合孩子们的期待,又能减少父子间的冲突,促进孩子更全面地发展。

(四)提升自身心理健康水平

要想让孩子拥有积极的品质、健康的心态,父亲应该注重自身情绪的调整,保持积极稳定的心态。这样一方面给孩子树立了积极的榜样,可以提高孩子的心理素质;另一方面,只有自身坚持正确发展的父亲才可能把科学的教育理念贯彻到自己的行动中去。

(五)重视对家庭的关怀和照顾

有些父亲认为自己在外工作已经完成了职责,家里的事情都是妻子的。在家庭中,不愿分担家务、疏于对孩子进行照顾、忽略了对家人的关怀。在越来越多女性走入职场分担经济职能的现代社会,父亲的这些做法可能导致家庭矛盾的滋生。因此,父亲在工作的同时,也应该多参与到家庭事务的处理中来。

第四节 父亲教养质量的提高策略

如何做好一个父亲从来不是一件简单的事情,然而绝大多数父亲都没有很好地意识到这个问题,等到孩子在成长过程中出现各种各样问题的时候才追悔莫及。高尔基说过:"爱孩子,那是连母鸡都会做的事,但是教育他们却是另外一件大事了。"苏霍姆林斯基说"父亲教育自己的子女是一个公民最重要的、第一位的社会工作"。成为一个生物学意义上的父亲是一件很简单的事情,给孩子提供充足的物质需求也是一件很简单的事情,但是如何发挥父亲的教育功能,如何在孩子成长过程中给予孩子及时有效的帮助和指导,促使孩子健康、快乐地成长就不是一件简单的事情了。

一、父亲通过改变自身来更好地参与儿童教养

（一）改变观念并重视儿童教养

我国《婚姻法》规定：父母对子女有抚养教育的义务。首先法律明确规定了父亲有抚养教育子女的义务，是父亲必须要履行的一个职责。现实生活中父亲大多能很好地履行抚养的义务，但是真正到涉及教育的问题时就显得有些不足。儿童时期是儿童发展的一个关键时期，这个时期孩子主要接受教育的场所就是家庭，而父母又是孩子的第一任教师。因此，孩子早期家庭教育的好坏直接关系着孩子今后的成长。而孩子的早期家庭教育又离不开父母的共同参与，两者缺一不可。因此，从法律角度来讲父亲应该更重视孩子的教育，积极地参与到孩子的教养过程中来。法律上的约束是其一，父亲应该真正从思想上重视自身对于孩子成长的作用。父亲应该认清一个事实，教养孩子不仅仅是母亲的义务，父亲同母亲一样，也肩负有不能推脱的责任。父亲对孩子的影响涉及的方面十分广泛，影响孩子智力、人格、社会性、健康等方面。儿童时期是儿童可塑化最重要的时期，这一时期父亲应同孩子尽量地多接触、多互动、多游戏，用父亲自身的性别特色来影响孩子，给孩子和母亲不一样的感觉，让孩子在儿童阶段能够得到父亲和母亲的共同影响。

（二）学习育儿知识以提高育儿技能

如果将父亲作为一项职业来说的话，那么从成为父亲的那一刻开始就已经承担了这份工作。从理论和实践上讲，要想掌握一份工作，人们首先要学习该工作的基本知识，经过理论学习之后再通过一定的实践操作才有可能做好一份工作。我国现行的学校课程体系中关于父职的课程开设十分罕见，我们有培养各种职业的课程，但是很少有培养作为父亲的课程，那么，作为一个父亲，不经过学习任何的育儿知识，仅凭自身的经验是不能够当好一个父亲的，一定要通过外界的学习。我国古语就有"活到老，学到老"这样一说。另外，保罗•朗格朗提出"终身学习"的理念，强调人一生应该不断地学习新的知识，不断地对自身的知识、技能进行更新。父亲作为一种伟大的职业，更应该积极地学习相关知识，在不断学习和实践中尽到相应的责任和义务。那么作为父亲应该如何通过学习来掌握育儿知识，提高育儿技能？首先，要有读书的习惯。在作为父亲的最初阶段应该多读一些相应书籍、杂志、报章，通过阅读此类作品，听取专家学者的建议，为最初成为父亲进行理论学习。不仅仅要阅读如何成为父亲的作品，还要阅读有关孩子成长规律的书籍，许多心理学、教育学的书籍都有详细解释儿童发展的规律

的内容，父亲可以通过阅读来了解儿童，了解每个年龄阶段儿童的特点及其在这个阶段的需求，从而调整自身行为，在关键时刻给予儿童应有的教导。其次，可以积极参与一些有关育儿知识的讲座、培训，多聆听一些专家的意见，也可以及时地向专家提出自身在教养孩子过程中的困惑，通过专家的指导来提高自身教导儿童的技能。最后，多和身边同为父亲的人进行经验交流，每个孩子都有自身的特点，每个父亲在教养孩子的过程中都会碰到不一样的困惑，多和其他人进行交流，也许在你眼中的问题正好能在别人那里得到解决，所谓"三人行必有我师焉"，人们通过相互的沟通总会学到很多教养孩子的知识和方法。

（三）把握时间以提高教养效率

现代社会，尤其是在一线城市人们工作竞争压力大、生活成本高，更多父亲将自身在家庭中的经济责任当作首要任务。孩子是一个家庭的未来，是家庭的希望所在，如果因为工作的原因而忽视了儿童成长过程中父亲的作用，那么对孩子的发展是极其不利的，对于父亲本身来说也是得不偿失的。很多父亲自身工作都比较忙，一般都是早晨很早离家工作，晚上很晚回家。虽然很想和孩子好好聊聊天、游戏一下，但是由于工作的时间原因和自身劳累等因素，影响与孩子正常的接触。对于这类父亲，在时间上如果不能有充足的保证，那么父亲可以从提高教养的效率方面来改善自身的问题。其实每个孩子需要父亲的时间不是很多，关键是父亲能不能在孩子有需要的时候"挺身而出"。父亲可以从以下几点来改善自身教养的效率问题，第一，要重视和孩子进行早餐的这段时间，早餐时间是人们大脑最清醒也是记忆力最好的时候，早餐时间不要只顾埋头吃饭，父亲可以利用这段时间和孩子进行一下聊天，聊天的内容可以关于昨天晚上的睡眠问题、学校的功课问题、可以叮嘱孩子在学校要好好表现等，通过这些在聊天过程中的细小问题，让孩子充分感受到父亲对孩子的关心，有条件的父亲可以亲自送孩子去幼儿园。总归在早晨父亲要达到的目的就是让孩子有个比较开心的早晨，让孩子感受到父亲对孩子的关心。心理学研究表明，人的情绪有两个关键时间，分别是早晨就餐前和晚上就寝前，因此父亲要特别注意这两个时间段同孩子的相处。当然也不是说每天的早晨都要让父亲做这些事情，只是提醒父亲不间断地、偶尔地进行这项活动就行。第二，要重视孩子睡觉前的这段时间，孩子睡觉前的这段时间基本大部分父亲在家，但是也是很多父亲忽视同孩子相处的时间，因为这段时间基本是妈妈在一边照顾孩子洗漱等，好像不关父亲的事情。如果父亲在孩子洗漱等事情上没有帮助，但是同孩子道一声晚安总归是可以做到的。第三，重视晚饭后时间，这段时间正好是孩子完成功课、吃完晚饭时间。这时父亲可以抽出

10~20分钟的时间和孩子聊天,可以聊一下孩子今天一天过得好不好,在学校有没有好玩的事情,功课有没有不懂的地方等学习、生活上的问题,父亲可以在同孩子的交流过程中了解孩子的学校生活、学习问题,达到对孩子有一个基本的了解的目的。第四,最重要的一点就是当孩子有求于父亲的时候,父亲一定要对孩子及时地回应。在孩子小的时候,遇到困难第一时间想到的是父母,尤其是父亲,孩子心中父亲是形象高大的、无所不能的。当孩子有困难找到父亲的时候,不管父亲有多累、有多忙,必须放下手头的事情,全身心地帮助孩子解决问题,让孩子感受到父亲的力量。当孩子有高兴的或伤心的事情向父亲诉说时候,父亲一定要给予重视,给予反馈,即使在父亲心中是一件很微不足道的事情,但是在孩子心目中可能就是极其重要的。总之,就是当孩子向父亲有所诉求时,父亲一定要给予很好的回应。第五,充分利用周末和节假日时间。在平时工作生活中,父亲同孩子很难有很长的相处时间,那么到周末或特定假期时候,父亲一定要充分利用起来。对于假期安排父亲应多安排一些有利于儿童发展的活动,例如可以去公园进行野餐,让孩子领略大自然的魅力,同孩子尽情游戏,有助于身体发育;可以带孩子去博物馆、科技馆、画展等一些充满文化或艺术气息的场所,熏陶孩子的文化素养,同时也是对父亲自身修养的一种提升。

(四)提高自身素质并树立良好榜样

一位教育专家曾经说过,人一生最重要的追求就是对于自身素质的追求,而且这种追求是无止境的,不随年龄和环境的变化而变化。作为孩子的父亲更应该注意提升自身素质,给孩子树立好的榜样,通过自身的一言一行来影响孩子。那么作为父亲应该从哪些方面提高自身素质?第一,要提高自身的文化科学素养。父亲在业余时间主动追求新知识,重视文化知识的学习,在家庭教育中,容易对孩子产生积极影响,促进孩子的发展。首先父亲热爱学习,就能为孩子树立模仿的榜样,对孩子产生示范作用;其次父亲重视学习就能为孩子营造浓郁的文化氛围,激发孩子的学习兴趣;最后父亲善于学习,就能为孩子安排丰富多彩的活动,提高孩子的学习效率。第二,提升父亲的道德素养。父亲的道德素养是影响孩子成长的关键因素。家庭教育实践证明,家长的思想道德是孩子道德品质形成的基础,制约着孩子道德认识的提高、情感的陶冶、道德意志的锻炼和道德行为的养成,关系着是否能教会孩子做人、要把孩子培养成什么人的根本问题。在家庭生活中,父母的婚姻关系影响孩子心灵的健康,研究表明婚姻不幸福的家庭孩子走上犯罪道路的概率比正常家庭的孩子要高得多。父亲的道德影响孩子的言谈举止,抽烟、酗酒、说脏话等不健康的生活习惯尽量要改掉,要不孩子就会效仿父亲，染上这些恶习。父亲的传统美德也会影响孩子，父亲如果文明礼貌、孝敬老人、勤劳勇敢，那么孩子经过观察学习、模仿也会养成这些美德。年龄小的孩子道德认识较为模糊，辨别是非能力差，模仿能力强，因此，父亲一定要树立一个好的榜样让孩子学习。第三，提高父亲的心理素养。父亲的心理素养也是影响孩子成长的重要因素，父亲的心理素养水平、所掌握的心理学知识都会在日常生活中，有意识或无意识地对孩子产生影响。父亲的情感特征会影响孩子的发展，父亲同母亲的交往，同其他家庭、社会成员的交往，是孩子认识社会的开始，是孩子情感生活的源泉。父亲的个性特征也会影响孩子的发展，父亲的个性特征往往通过直接控制父亲的行为来间接制约孩子的行为，使孩子的行为方式带有父亲的影响。

二、家庭中父亲参与儿童教养的方式

家庭是儿童早期的主要生活场所，通过家庭成员特别是父亲和母亲的抚养与教育，儿童逐渐获得生活所必需的知识技能，掌握了各种行为准则和社会规范。家庭作为一个社会成员相对较少的群体，并且成员之间关系非常亲密，有利于儿童获得较为一致的行为准则。家庭成员与外部环境联系紧密，能够帮助儿童逐步参加社会活动，发展社会技能。家庭是儿童早期最重要的接受教育的场所，家庭又是一个由家庭全体成员及成员之间互动关系组成的一个动态系统。根据布朗芬布伦纳生态学理论，家庭是由许多系统（如夫妻系统、亲子系统等）组成，个体在这些系统中扮演不同的角色，发挥不同的作用，并且受到其他成员的影响。那么作为家庭这样一个系统应该如何发挥它本身的作用，如何促进父亲更好地参与儿童的教养呢？

（一）创造和谐夫妻关系

夫妻关系是家庭系统中最重要的一组关系，夫妻关系影响着整个家庭系统的稳定，是一个家庭能否长久、健康发展的基础。男女之间一旦结合成为夫妻就要互相负责，并对整个家庭负责。良好的夫妻关系可以为儿童的成长营造一个相对舒适、健康的环境，同时还能够增加父亲参与儿童教养的参与度。夫妻关系衡量的指标是对婚姻的满意度，婚姻满意度越高说明夫妻关系越好、越和谐。在一项调查父亲参与情况的纵向研究中，雪莉·费尔德曼和她的同事发现，对婚姻现状持满意态度的父亲，在妻子怀孕的第三阶段便开始投入到育儿工作中去。因此，婚姻满意度被作为父亲参与家庭教养的一个衡量指标。在夫妻交往过程中，双方感觉婚姻满意度高有利于夫妻双方之间的交流、沟通，能够在参与孩子教养过程中共同参与，相互支持，这些都能促进父亲参与到孩子的家庭教育中来。

（二）夫妻分工明确

一些母亲，尤其是持传统性别角色的母亲认为教养子女是自身的责任范围，很少让父亲插手，并一度认为父亲没有教养孩子的能力。我国的传统观念中，丈夫应该在外忙事业、赚钱养家，在家做家务、照顾孩子是不被我国妻子所接受的，因此，"男主外，女主内"的传统家庭观念一直影响很深。随着时代发展，更多的母亲外出工作，母亲同父亲一样担负起养家的重任，那么在家庭教育中也应该重新进行分工，夫妻双方共同承担教养孩子的责任。作为丈夫的妻子和孩子的母亲在促进父亲参与孩子的教养问题中可以从以下几点来实施。第一，夫妻双方应该发挥优势，明确各自在孩子抚养和教育中的任务，达到分工明确。例如，在生活方面，母亲可以负责孩子的吃饭、洗澡等问题，父亲可以负责孩子的上下学接送、接受体检等项目；在孩子的教育方面母亲可以负责孩子语言类的学习，如英语、语文等的学习，父亲可以负责孩子有关逻辑思维方面的学习，如数学、搭积木等游戏。父亲和母亲根据自身的性别特点和其他方面的不同来参与孩子家庭教养的各个方面。第二，母亲应该改变观念，支持并监督父亲参与孩子的家庭教养。在孩子的教养问题上，母亲不能将之视为自身的专属领域，应该认识到对于孩子的教养问题父亲同母亲一样，都必须要参与。作为母亲应该积极地支持父亲参与到儿童教养中来，一方面可以减轻自身在家庭生活中的负担；另一方面同母亲相比，父亲在教养孩子方面有自身独特的优势，这些优势是母亲所不具有的。由于父亲自身认识的不足或者其他原因，作为母亲对于父亲参与孩子的教养问题应该起到监督作用。母亲不能将父亲参与教养问题视为一种可有可无的东西，必须得到重视，在父亲不能很好地履行教养职责时，母亲必须及时提醒父亲，对父亲参与教养起到监督作用。

（三）夫妻双方态度一致

在家庭教育的过程中，夫妻双方必须在观念、态度、行为上保持一致。夫妻作为家庭教育的主要实施者，他们的教育行为受到自身教育背景、教育观念的影响，并最终影响孩子的教育行为。夫妻双方由于自身的原因在教养孩子的方面肯定会存在分歧，双方都有自身的理论和方法。当出现不一致的想法时，双方应该互相讨论、沟通，最终确定一个双方都能够接受的方案，并且在教养过程中严格按照商讨的方案进行。现实生活中有很多由于双方在观念上没有达成一致而造成教养出现问题的情形。例如，在一个家庭中，父亲主张要严格要求孩子，而母亲则主张要对孩子宽松一点。在这种互相摇摆的教养态度下，孩子自然选择有利于自身的一面，那么无形中就会和母亲保持一个阵线而和父亲形成相互排斥的局面，这样不仅影响父亲参与孩子的教养，对于夫妻双方的关系也会产生不利的影响。另外，在家庭教育过程中，夫妻双方喜欢"一个扮黑脸，一个扮白脸"，研究表明在这样情形下成长起来的孩子较容易出现两面性。因此，夫妻双方在教养孩子的过程中，一定要保持一致，形成一种态度，提高教养质量。

（四）家庭其他成员要支持父亲参与教养

影响父亲参与家庭教养的家庭成员不仅仅有母亲，还有其他成员，尤其是孩子祖父母及外祖父母。在我国，现代社会年轻家庭基本都只有一个孩子，家中的老人退休闲来无事自然将照顾孩子的事情包揽过来。在现代，夫妻双方忙于工作，孩子的日常生活方面的照顾很自然地就交给退休在家的老人们。于是形成了一种奇怪的现象就是，整天陪孩子一起生活的是孩子的爷爷、奶奶，或者外公、外婆，父亲和母亲同孩子相处的时间反而很少，逐渐形成孩子和家里老人更亲近的现象。这是一种十分不好的现象，第一，由于"隔代亲"的原因，老人在照顾孩子的过程中更多地倾向于溺爱孩子，过于满足孩子的各种要求，过于保护孩子，什么都不让孩子做，长久下去孩子很难养成独立、自主的习惯，容易娇生惯养，缺少独立性、主动性、上进心；第二，老年人由于思想陈旧、观念落后，在孩子早期成长过程中很难给孩子形成一个好的教育氛围，很难给孩子带来好的启发，对于孩子智力发展、社会性发展、身体素质的发展都是一种阻碍。因此，作为孩子的父亲，千万不能让家中老人占领自己教养孩子的空间，在孩子成长的过程中，要发挥父亲应有的作用。

第三章 "二孩"家庭父母教养与儿童心理发展

第一节 "二孩"政策对中国家庭的影响

计划生育政策作为我国的一项基本国策，自实施以来，在控制人口数量方面发挥了显著的作用，在一定时期内促进了我国经济、政治、文化、社会等多方面的发展。2015年国家统计局发布的一组数据说明我国在实施计划生育政策的同时已进入老龄化社会，并且引发了许多的社会问题，如男女比例严重失调、子女养老负担加重等。为此，我国在十八届五中全会上指出：促进人口均衡发展，坚持计划生育的基本国策，完善人口发展战略，全面实施一对夫妇可生育两个孩子政策，积极开展应对人口老龄化行动。全面实施"二孩"政策是我国进入21世纪以来计划生育政策的重大调整和完善，它的实施对于家庭乃至社会都具有不容小觑的作用。

一、全面放开"二孩"政策的意义

计划生育政策实施的目的是控制家庭生育孩子的数量，其直接的影响是改变了中国原有的大家庭结构，新时代的"4＋2＋1"家庭规模更趋向于核心化和小型化。在一定时期内，新型的家庭规模对我国的发展起了积极的作用。但是当我国进入21世纪后，新型家庭结构的负面作用越来越凸显。就家庭而言，子女养老负担的加重，独生子女家庭承担的潜在风险的凸显，独生子女不良品行的养成等问题更加突出。为缓解因独生子女政策的长期实施而不断引发的各种问题，我国在十八届五中全会上提出了全面实施"二孩"政策，"4+2+1"到"4+2+2"的家庭结构的改变，在一定程度上可以有效缓解这些问题。

（一）有利于缓解人口老龄化并减轻子女养老负担

对于老人而言，全面实施"二孩"政策可以有效缓解人口老龄化以及子女养老问题。我国长期以来推行的独生子女计划生育政策，打破了人口正常更替的规律，婴儿的出生率下降，人口老龄化问题开始凸显，子女沉重的养老负担等问题在我国出现。全面实施"二孩"生育政策，可以减少未来我国"4+2+1"家庭的比例，让更多的子女承担起赡养老人的义务，减轻独生子女的经济负担和压力，增强家庭养老的功能。

（二）有利于维持家庭和谐稳定与体现人文关怀

对于父母而言，我国传统的生育观是"多子多福"，且有很大一批父母抱有想生又不敢生的矛盾心理。"二孩"政策的实施，很大程度上可以满足一大批父母的生育愿望，也是尊重人类自由生育权利的体现。"二孩"政策也可以减小独生子女家庭的潜在风险，因为孩子是父母所有情感的寄托，其一旦发生危险，父母可以将自己的情感转移到另一个孩子身上，不至于他们在生理和心理上遭受重创。"二孩"政策在满足父母生育权利的同时，也可以减轻因独生子女的潜在风险而给家庭带来的影响，同时增强家庭的稳定性和抵御风险的能力，使父母真正体会到家庭的温暖。

（三）有利于子女成长与培养良好品质

对于独生子女而言，家庭规模的改变，对于他们的健康成长也是有好处的。许多关于独生子女和双生子女的研究表明，独生子女在成长过程中虽享有更多来自家庭、学校、社会的资源，但却养成了"公主病""皇帝病"等许多不良习惯，如蛮横不讲理、自私自利、缺乏集体意识和分享意识等。"二孩"政策的实施，不仅可以使他们享受来自兄弟姐妹的亲情和温暖，而且在他们的相处过程中也有利于其良好品行的培养，如分享、合作、担当等意识。同时，子女健康人格的培养，有助于缓解他们与父母之间的代际关系。独生子女往往被父母溺爱，为所欲为，他们常常以自我为中心，不会从他人角度考虑问题。"二孩"政策的全面实施，有利于培养他们顾全大局的品行，当他们与父母发生冲突时，也能从父母的角度考虑问题，不至于使亲子关系处于一种尴尬的境地，所以"二孩"政策的实施，可以使子女与父母间的情感更加坚固，同时有利于增强家庭的稳定性和幸福感。

（四）有利于减轻和缓解婚姻中出现的不良状况

对于家庭婚姻的影响而言，"二孩"政策的实施，可以有效降低出生人口男女的性别比例。长时间的男女性别出生比例失调必然导致两种婚姻挤压：一是年龄挤压：男女结婚年龄不能合理匹配，跨年龄段婚配显著，导致同年龄段的婚配困难；二是地区挤压：男女结婚在地区上不能合理匹配，形成跨地区婚姻，如农村嫁城镇的，二三线城市嫁一线城市的。同时一些社会问题也层出不穷，如第三者插足、离婚率上升、贩卖人口等。"二孩"政策的实施，可以降低出生人口性别比例，降低家庭风险的系数，减少社会中存在的不道德和犯罪现象的发生，对于社会的稳定与和谐具有重要的作用。

二、全面放开"二孩"政策的家庭反响

十八届五中全会提出的全面放开"二孩"政策的实施，虽然在减轻子女的养老负担、降低独生子女家庭的潜在风险、独生子女良好个性的培养等方面起了重要的作用，但在实施过程中就"生与不生"这一问题引起了激烈的讨论。

（一）年轻夫妻的父母与年轻夫妻之间生与不生的争论

就年轻夫妻的父母与年轻夫妻而言，"二孩"政策的实施，使一些固守传统观念的老人有了催促年轻夫妻生育的充足理由，然而老人"多子多福"的观念与新时代夫妻的生育观却存在很大分歧。即便政府放开"二孩"政策，年轻夫妻迫于养育孩子的巨大成本等经济压力和陪伴孩子成长的精神压力，也很难产生生育二孩的想法。同时生育二孩也不利于年轻夫妻用更多的时间和精力去实现和提升自己的个人价值和社会价值。所以相较于年轻夫妻的父母，年轻夫妻更倾向于不生育二孩。

（二）男性与女性之间生与不生的争论

就男性与女性而言，女性比男性更倾向于不生育二孩。新时代的女性，她们有了与男性同等的就业机会和社会地位，已不再是全职母亲，她们开始走入社会，走向职场，其社会价值得到了广泛认可。如果生育二孩就会花费女性更多的时间和精力，久而久之就会让她们与社会有一定的脱轨，而且社会职场中普遍存在着对女性的性别歧视，生育二孩很有可能加剧这一歧视，这对她们人生价值的实现和发展非常不利。此外，还有一部分高龄产妇，她们的生育功能渐渐退化，生育二孩会使她们处于高龄生育的风险之中，这使他们在生育二孩的时候会谨慎考虑，且权衡利弊。

（三）父母与一孩之间生与不生的争论

就父母与一孩而言，父母更倾向于生育二孩。父母生育二孩不仅可以减轻子女的养老负担，同时还可以降低独生子女给家庭带来的潜在风险。但是生育二孩，会使以自我意识为中心的独生子女有强烈的抵抗情绪。因为独生子女长期被父母娇生惯养，个性倔强，占有欲极强，心理上比较脆弱和敏感，她们怕家庭的重心和关注点会转移到二孩身上，往往以"逃学""离家出走""跳楼"等相威胁，以引起父母的关注，这在一定程度上也会影响父母生育二孩的意愿。

（四）地区差异引起的生与不生的争论

就农村家庭与城镇家庭而言，生育二孩的倾向有两种情况：一种情况是在全面"二孩"政策实施后，由于消费水平、收入能力等因素的影响，城镇家庭更能担负起生育二孩所需要的人力、物力、财力，相比较而言，农村家庭会承担一定的经济压力，特别是在一些偏远山区，农村家庭更倾向于不生育二孩（但这种情况很小，大部分农村家庭的孩子较多于城镇家庭的孩子）。另外一种情况是在一些发达的地区，如北京、上海、广州等一些发达城市出现了丁克一族，他们虽然有足够的经济实力，但由于他们生育观念的改变，特别是他们更倾向于追求自我价值与社会价值的实现与提升，而不愿被子女所累。所以即便政府放开二孩政策，他们也不愿生育。但从总体上看，农村家庭与城镇家庭的生育意愿相比，农村家庭的生育意愿更为强烈。

三、全面放开"二孩"政策的应对措施

第一，政府应加大社会服务体系和社会保障制度的建立和完善，以减轻年轻父母生育二孩的后顾之忧。首先，健全社区对婴幼儿及儿童的看护和教育等方面的功能，不仅可以让孩子就近拥有一个安全的成长乐园，而且还能减轻二孩家庭的经济负担和父母远途接送孩子的压力。其次，推动健全儿童及青少年医疗保险，主要以政府为主，家庭为辅的覆盖城乡子女保险的医疗服务体系，完善有关社会福利保障制度。结合"二孩"政策的实际情况，完善与生育相关的医疗保险体系，适当提高生育二孩时所产生的医疗费用的报销比例和生育二孩的奖励或财政补贴，如免费提供婴儿奶粉、优先提供住房、减免学杂费等优惠和激励政策，以此减轻家庭负担。最后，通过不断建立和完善社会的养老保障体系，或者延迟老人退休年龄等方式提高老人的自我养老意识，减轻子女负担，从而让他们有更多的时间和精力抚育下一代。

第二，政府应建立健全生育女性的权益保障体系，并出台相应的法律法规，以减轻女性在生育二孩方面的担忧。首先，取消独生子女家庭的各项优惠政策，完善妇女生育保险，在女性因二胎怀孕和分娩而中断的劳动过程中，要提供适当的延长产假、提高生育补贴等利于孕妇的优惠政策。其次，营造利于女性公平的就业环境，消除歧视女性的现象。政府应对相关的制度、条例加以改进，以更好地推动性别平等，保护女性劳动者的权益。如完善《就业促进法》、制定《反就业歧视法》等，并对女员工生育率或缴纳生育补贴的企业以适当的财政奖励和优

惠政策，以减小企业对女员工的性别歧视。最后，完善有关妇幼医疗服务设施，与生育二孩最密切的医疗服务需求就是妇幼保健需求。特别是对于一些高龄产妇，她们的身体状况、年龄问题以及孩子的健康状况等都需要更加完善的医疗服务保障。

第三，家庭、学校、社会要注重对独生子女的心理疏导。首先，为解决因生育二孩，而不断加剧的独生子女与父母间的代际关系问题，父母应该对孩子进行恰当的教育，不能过度溺爱孩子，而应该让孩子从小养成与他人分享、担当等良好的品行，以至在父母养育二孩这件事上，他们不会过度排斥。在日常生活中，父母也要经常有意无意间给孩子灌输相关方面的思想，以减少孩子的抵抗情绪。其次，学校、社会也应进行相关的全面放开"二孩"政策的宣传以及加强对独生子女的心理疏导等方面的工作，让子女在潜移默化中接受生育二孩这一事实。

第四，政府应该根据因地区差异而出现的生育分布不平衡的现状，出台不同的政策。①实施城乡医疗、养老等公共基础设施均等化，甚至对于一些落后的地区，适当地加大基础设施的投入及相应的补贴优惠政策，减轻落后地区家庭养育二孩的负担。②对于大城市家庭中出现的丁克现象，政府应加强人文关怀的宣传，让他们在潜移默化中体会到生命得以延续的安全感、创造生命和养育孩子长大成人的成就感，拥有较强生育能力的荣誉感等作为父母所应具有的主观幸福感，使他们改变自己原有的生育观，以积极响应政府提出的全面开放二孩这一政策。③政府应根据不同地区孩子出生率的现状及父母的生育意愿，制定科学的奖惩制度并予以一定的政策倾斜，如农村孩子出生率高、父母生育意愿强，政府应制定相应的惩戒制度；城镇孩子出生率低、父母生育意愿弱，政府则应制订相应的奖励制度并给予一定的优惠政策等。

全面放开二孩生育，使我国的计划生育政策更加科学化和合法化，有利于缓解当前出现的养老负担加重、独生子女家庭的潜在风险突出等诸多社会问题，是因时因势而宜，是符合社会发展现状及发展规律的政策。但人们对于"二孩"政策并不是持"一边倒"的欢迎态度，其在实施的过程中还面临诸多挑战，对此社会各界特别是政府要针对推行过程中可能出现的问题制定相应的对策性政策，通过政策性倾斜或物质奖励等相关措施给予保障，以推动"二孩"政策的全面顺利落实，这不仅有利于我国人口的均衡发展，而且对于"十三五"规划的实施以及2020年全面建成小康社会都具有不容忽视的作用。

四、"全面二孩"政策与中国家庭模式的变化

如果说"单独二孩"政策还带有明显的对独生子女进行政策补偿的性质，那么"全面二孩"政策则完全是从社会经济发展和中国人口结构均衡的角度对中国

人口生育进行的又一次调控。因此，除了"全面二孩"政策下的中国家庭对独生子女家庭问题的影响，"全面二孩"政策对中国家庭的结构、关系等影响也应该得到更细致的检视。"全面二孩"给中国家庭带来的最大的变化在于部分家庭中原来整个生命周期中都只有一个孩子，但是现在，不少家庭会选择生育两个孩子，并且二孩家庭在中国家庭中所占的比例会越来越大。伴随着"二孩"一起进入中国家庭的是新的家庭规模、新的家庭结构、新的家庭关系，而家庭生命周期也会因此出现新的变动。

（一）家庭规模开始扩大

"全面二孩"政策将导致中国家庭的规模扩大，主要原因在于中国家庭户中的"三口之家"，有很大一部分会转变为"四口之家"。

一方面，从总体上看，中国家庭户规模的变动趋势从独生子女政策开始就一直在不断缩小。1980年，中国的平均家庭户规模为4.61人，到1990年第四次人口普查时已经下降为3%人，2000年第五次人口普查时下降为3.46%人，2010年第六次人口普查进一步下降为3.1%人。在"全面二孩"政策之下，"二孩"生育会有效扩大家庭户的已有规模，城市中典型的"三口之家"的独生子女家庭，会越来越多地转变为父母加上两个孩子的"四口之家"的家庭模式。

另一方面，"全面二孩"政策使得家庭中有两个孩子的可能性大大增加，也使得父母在年老之后单独居住的可能性大量减少，当家庭中有两个孩子时，父母与其中一个孩子一起生活的可能性提高了。如果越来越多的父母放弃单独居住而与自己的其中一个子女住在一起，那么，因空巢老人带来的家庭户规模的减少效应也会减弱。但是，社会流动的增强导致目前与父母的居住模式呈现出很大的变化，因此，居住和空巢对"全面二孩"政策下的中国家庭户规模的影响需要进一步的讨论。

（二）家庭结构逐渐变迁

"全面二孩"政策和"二孩"地出现在很长一段时间内并不会对中国家庭的结构产生实质性的影响，因为只是家庭中子女数量的增加，并没有对整个家庭的结构产生本质影响。但是随着家庭中的孩子逐渐长大进入婚育阶段，"全面二孩"政策对中国家庭结构的"滞后"效应开始显现。如果是独生子女家庭，独生子女选择与父母不同的居住方式，其家庭在结构上呈现出不同的特点。独生子女离开出生家庭独自居住，则会形成独生子女小家庭的核心家庭结构和父母空巢家庭的夫妇家庭结构；若是独生子女婚后仍然与父母同住，则会形成主干家庭。这一过程相对简单。但是如果家里面有两个小孩，则牵涉两个孩子与父母的居住状况。

当两个孩子一起离开父母的家庭，则会形成父母的空巢家庭和两个孩子自己分别组建的核心家庭。当一个孩子离开父母，另一个孩子与父母同住时，形成的是一个孩子自己组建的核心家庭以及父母与同住孩子形成的主干家庭。在这个过程中，中国核心家庭由主干家庭派生的模式再次出现，父母与其中的一个孩子共同居住形成"干"，而另一个孩子自己组建的独立核心家庭就是"支"，每一个二孩家庭在经历所有子女成家立业之后都可能会形成一个主干家庭和一个核心家庭，或者是一个空巢家庭和两个核心家庭。当然，两个孩子都与父母同住的可能性比较小。考虑到家庭中的两个孩子还可能存在不同的性别和出生间隔，上述家庭结构变迁的过程可能变得更为复杂。

在上述过程中，中国的夫妇家庭数量可能会有所减少，核心家庭数量可能有所增加，主干家庭仍然是中国家庭重要的结构形式。从总体上看，"全面二孩"政策之下，中国家庭仍然会保持核心家庭占主导、主干家庭相对稳定的结构特点。但是上述过程确实使得中国的家庭结构变得相对复杂。值得一提的是，中国传统家庭中一直存在明显的父权特征。独生子女政策下，独生女的特权使得中国家庭的一些父权被突破，"全面二孩"政策之后，这些原则在中国家庭中会呈现怎样的变化值得进一步关注。

（三）家庭关系复杂化

独生子女家庭以独生子女为中心，形成父亲、母亲和独生子女这样简单而直接的三角关系。"全面二孩"政策之后，生育二孩的家庭会增加一个孩子，而这个孩子使得我们不得不对整个家庭关系都进行重构。

生育政策调整下的"二孩"家庭的家庭关系要求"继续社会化"：第一，"子女扩容"要求父母正确面对和调适与两个孩子之间的亲子关系，也要求家庭中的第一个孩子接受有弟弟或妹妹的现实，主动学习怎样做哥哥或姐姐。第二，第二个孩子在家庭中的出现，首先可能影响到家庭中的夫妻关系。从是否决定要生育第二个孩子一直到孩子出生后的喂养和教育，都可能影响到夫妇之间的关系，家庭中的关系需要频繁在亲子关系和夫妻关系之间协调，因此，两个孩子家庭的夫妻关系必须得到新的调适。第三，二孩也影响到了家庭中的亲子关系。原有家庭中简单的父母与孩子的关系，因为家庭中出现两个孩子变得复杂起来。父母必须认识到与两个孩子的亲子关系在本质上是完全相同的，但是在实践中却又不得不差别对待。在这一过程中，孩子的性别、孩子之间的出生次序、出生间隔的影响都必须得到仔细的研究。第四，目前最为引人关注的是两个孩子之间关系的调适。现在的社会舆论往往愿意塑造两个孩子冲突的形象。确实，这种关系是原来的独生子女家庭中所没有的。父母有必要引导第一个孩子接受事实，并努力完成哥哥或者姐姐的角色转换，也要尽可能引导两个孩子之间友好相处，相互理解。

值得注意的是，实际的"全面二孩"潜在的政策群体中，有很多妇女的年龄已经偏大。这些妇女若是生育二孩就会形成高龄产妇问题。在家庭关系中，一方面，第二个孩子与父母之间的年龄差距过大；另一方面，两个孩子之间的出生间隔过大。高龄产妇会使得"二孩"家庭的关系进一步复杂化，需要引起研究人员更密切的关注。

（四）家庭生命周期正常化

独生子女家庭的生命周期在扩展阶段和收缩阶段都存在简单化，其扩展阶段和收缩阶段是在独生子女出生和离开家庭时马上就完成的。"全面二孩"政策下的二孩家庭将使得家庭扩展到扩展完成，以及收缩到收缩完成的周期阶段重新出现。第一，二孩家庭的扩展阶段开始于第一个孩子的出生，而等到第二个孩子也出生时，家庭扩展才完成。这时候的二孩家庭将保持较长时间的稳定，直到第一个孩子离开家庭。与独生子女家庭孩子一出生就完成了整个扩展阶段不同的是，"二孩"家庭存在明确的扩展和扩展完成两个阶段，并且在家庭形态上，先是形成"三口之家"的基本形态，之后扩展为"四口之家"，并且长时间保持"四口之家"的状态。第二，"二孩"家庭的收缩阶段开始于第一个孩子离开家庭，而一直到第二个孩子也离开家庭才达到收缩完成（当然，也可能一个孩子与父母同住，则不适用于家庭生命周期）。此后，"二孩"家庭以父母空巢的形式保持较长时间的稳定，直到父母一方出现死亡，家庭开始解体。由于家庭中有两个孩子，"二孩"家庭的收缩阶段要比独生子女家庭晚得多。

"全面二孩"政策实施之后，中国社会会出现越来越多的"二孩"家庭，这些"二孩"家庭也使得中国家庭出现明显的变化。"二孩"家庭将会磨平独生子女政策所带来的家庭关系、家庭结构、家庭规模以及家庭周期，推动中国家庭走进后独生子女时代。但是实际"全面二孩"政策将带来怎样的后独生子女家庭，则有待于知道哪些家庭实际选择了生育二孩，以及是哪些因素导致了这些家庭最终选择生育第二个孩子。

计划生育政策及其调整的着眼点始终在于宏观的人口现象或是社会经济的现代化，国家也经常跃过"家庭"这一层次直接调控个体的生育行为。然而，人们的生育行为发生的基本单位一直都是家庭，"全面二孩"这样的计划生育政策调整最终只有在中国家庭才能得到落实，而"全面二孩"政策最先影响到的也是中国家庭。

"全面二孩"政策实施之后,中国家庭从独生子女时代逐渐过渡到后独生子女时代,中国家庭出现一系列的变动。三十多年的独生子女政策带来的独生子女家庭形成了家庭规模小、家庭结构简单、家庭关系紧密等特点,也出现了家庭养老、家庭风险和家庭重要关系缺失等问题。"全面二孩"政策使得中国家庭不必再接受政策"强制性"的家庭结构,而自主选择"生育"。尽管其难以对现在这一代人即独生子女一代的家庭问题做出补救,但从长远来看,"全面二孩"政策将会带来家庭养老压力的减轻、家庭风险的降低以及家庭重要关系的重新获得。中国家庭很可能出现家庭规模上升、家庭结构变迁、家庭关系复杂化以及家庭生命周期正常化等特点。

对"全面二孩"政策下中国家庭模式变化的论述,大体上揭示了这一政策对家庭可能带来的影响,为可能在中国社会大量出现的"二孩"家庭提供有益的指导。但是,由于"全面二孩"政策才刚实施,尚不能搜集经验资料来证明相关观点。下一步的研究可能需要在"全面二孩"政策实行一段时间后进行大规模的经验数据采集。一个比较好的关注点就是观察中国家庭在"全面二孩"政策下实际的二孩生育实践。重要的是,正是家庭生或者不生的选择,直接决定着"全面二孩"政策的实施效果,也决定着中国家庭自身变迁的方向。而对这一问题的讨论,则需要将"全面二孩"政策与中国家庭真正地结合在一起。

第二节 "二孩"家庭父母教养对儿童发展的影响

儿童时期是人生发展的重要时期,人的个性和很多心理品质都是在这个时期形成,心理学将其定义为人生发展的关键期。如何正确引导孩子在儿童时期的发展至关重要。中国的独生子女家庭是历史上最特殊的家庭结构,带来的众多养育问题也引起了社会的广泛关注,很多的学者对此做了大量的研究。随着"二孩"家庭越来越多的出现,必将伴随着新的养育问题。在20世纪六七十年代的多子家庭较多,但随着时代的发展,显然那时的教育观念已经不能适应时代发展的需要,所以多子家庭的教育问题应该引起社会的广泛关注,应该在准父母中普及儿童心理学知识,呼吁家长关注孩子心灵的成长,重视孩子的心理健康教育,这对于推动社会进步和民族的发展有积极意义。

一、二孩不是家庭教育的负担

生二孩可以缓解独生子女家庭中出现的教育问题。国内研究表明:许多独生子女家庭承认家庭教育的失败,认为独生子女存在着蛮横任性、自我中心、自理能力差、孤僻冷漠等问题。二孩的到来，可以在一定程度上克服独生子女家庭教育的一些弊端。

二孩的到来，可以克服家长对独生子女的过度关注和溺爱，使家庭教育更加回归理性。独生子女是家里的唯一孩子，家长会对其产生聚焦性关注，容易造成家长对孩子的"过度供给"，产生溺爱。教育家马卡连柯认为，溺爱是父母给予孩子最可怕的"毒药"。二孩的到来，改变了家庭的环境，分散了家长的关注和关爱，使家庭教育更加理性。

在家庭中，两个孩子的互动有利于孩子的社会性发展。双子女家庭为第一个孩子提供了关怀和照顾弟弟、妹妹的机会，使其更具责任感；二孩也可以从哥哥、姐姐身上学会尊重、服从和关怀。两个孩子还可以相互分享、相互合作、相互学习，形成良性竞争，促进自我全面发展。

二孩的出现，可以避免家长给予子女过高的期望，有利于子女的和谐发展。许多独生子女家庭，父母把所有希望都寄托在一个孩子身上，对孩子产生过高期望，给孩子过多压力，压抑了儿童的天性，影响儿童身心健康。在双子女家庭中，家长更能以平和的心态教育子女，给予孩子合理期望，更好地享受与子女共同成长的幸福，使孩子身心自然、和谐发展。

二、公平民主地对待子女

二孩的出现也伴随着些许问题，处理不好二孩就会成为家庭教育之累。在双子女家庭，二孩出生前，第一个孩子处于"独生子女"的环境中，享受着父母全部的爱和关注。随着家中二孩的出生，家长会在一定时间内把主要精力和时间放在二孩身上，第一个孩子常会感到自己被冷落和抛弃，产生被边缘化的不安全感。这时，第一个孩子便会把这种失衡怪罪于自己的弟弟、妹妹，从而对弟弟、妹妹产生怨恨。特别是"重男轻女"思想严重的家长，由于第一个孩子是女孩才生育二孩的，这种情况会更加严重。因此，解决好第一个孩子的教育问题是双子女家庭教育成功的关键。

生二孩后，家长对孩子教育的经济、情感投入难度更大。调查发现，不想生育二孩的父母近八成首先是因为"经济不允许"，其次是由于"没精力照顾"。在经济社会高度发展的今天，生活成本、教育成本不断攀高，"精养"孩子已成为一种趋势和潮流。二孩的出生势必会增加家长经济和身心负担，影响对孩子的教育投入。家庭负担过重，容易造成家长的心态失衡，家长会觉得自己那么辛苦地给孩子赚钱，对孩子严厉点、要求高点也是应该的。

此外，二孩的出现需要父母更加努力工作，陪伴孩子、照顾孩子的时间和精力减少，甚至出现隔代教育和留守儿童现象，影响孩子的智力和个性发展。还可能会导致部分父母偏爱以及孩子发生攀比的现象。

独生子女家庭，由于只有一个孩子，不会产生孩子间的比较和攀比现象，父母也不会对孩子偏爱。而在双子女家庭中，父母由于孩子发展水平、性别、长相、性格特征以及个人喜好等，极易产生对某个孩子的偏爱。被偏爱者容易骄横任性，被冷落者容易冷漠孤僻，更有甚者会仇恨社会。同时，双子女家庭孩子们之间容易被比较和攀比，这种攀比处理不好会导致家庭气氛不和谐，出现一系列的问题。

三、父母的素质决定了两个孩子的发展

家长是家庭教育成败的关键。家庭是孩子接触最早、生活时间最长、影响最大的环境，家长是家庭的主导者，家长素质决定着家庭教育的水平。无论独生子女家庭还是双子女家庭的教育，对于父母都是"身教重于言教"。

父母是孩子依恋和模仿的对象，对于孩子个性、社会性发展甚至性别认知和婚恋观都产生影响，从某种意义上说"孩子是父母的影子"。因此，父母需不断提升自身素质和家庭教育水平，做好孩子的榜样，做到科学施教。

父母要做好孩子的教育。在想要第二个孩子之前，给孩子做好心理准备，使他明白有了弟弟、妹妹就有了玩伴，就多了一个爱他的人，使其对弟弟、妹妹的出生产生期待。同时，也为他提供机会体验帮助和关心他人的快乐，体会作为哥哥或姐姐的自豪感，使他知道有了弟弟、妹妹父母仍会爱他。

在家庭教育过程中，父母要坚持正面教育，及时表扬孩子关爱弟弟、妹妹的行为。因此，"父母希望孩子成为什么样的人就经常给他讲什么样的话，不希望他成为什么样的人就不要给他讲什么样的话，即使是批评也不可以。"

父母要为第二个孩子的到来做好充分的思想、经济准备。对于生育第二个孩子，父母之间要做好协商，取得家庭成员的支持，做好职业生涯的规划，不要因为第二个孩子的出生而手足无措，更不能因生第二个孩子对自己工作的影响而迁怒到孩子身上。同时，父母要明白经济不是关键问题，幸福、温馨、积极向上的家庭环境对孩子成长最为关键。

父母要充分发挥孩子之间的互动价值，这是双子女家庭教育成功的重要因素。双子女家庭与独生子女家庭相比，最突出的优点是有两个孩子，孩子们之间的交流、互动对儿童成长具有比成人教育更大的价值。

当第二个孩子出生后，父母要不断创造孩子之间交流的机会，通过孩子之间的相互学习、相互帮助、合作分享、相互竞争等，培养孩子间深厚的亲情，最大限度降低因父母精力不足带来的不利影响。

父母要树立科学的育儿观，防止偏爱和盲目攀比。夸美纽斯认为："儿童比黄金更为珍贵，但比玻璃还脆弱。"父母应像园丁一样细心呵护儿童稚嫩的心灵，尊重孩子的天性，科学施教，做好培植"根"的教育。"世界上只有一种爱是以分离为目的的，那就是父母对子女的爱。"父母要学会站在孩子身后欣赏孩子的进步，不要把孩子当成自己理想的寄托者和事业的继承人，要培养孩子独立自主的意识和能力，让孩子成为自己生活的主宰者。

由于遗传、成长环境、性别、个性等因素，世界上没有完全一样的孩子，每个孩子都是独一无二的。加德纳的多元智能理论告诉我们，优秀的孩子可以是不一样的优秀。因此，没有必要对两个孩子进行横向对比，更不能偏爱、溺爱。父母要懂得欣赏孩子之间的差异，学会公平、民主对待孩子，做到科学育儿，让孩子健康、幸福地成长。

四、"二孩"家庭可节省教育成本

"独柴难烧，独子难教。"负担两个孩子的教育不像大部分人想象的那样负担重，实际上更能让父母省心、节约教育成本、利于孩子成长。

研究表明，有两个孩子的父母在教育子女问题上更省心。因为有了第一个孩子的教育经验，教育第二个孩子时父母就能够驾轻就熟，再不用手忙脚乱地向育儿专家、书本、长辈请教，生搬硬套他人"理论"；也知道如何避免陷入教育误区，从而在对孩子生长发育特点了然于心的基础上有条不紊地进行家庭教育。

同时，培养两个孩子父母可以节约教育成本。教育成本高是很多家长不愿生育的原因之一，然而对教育成本的估算只是对第一个孩子的总计，在第二个孩子的教育中诸如早教费、玩具费、图书费、服装费等消费都可以通过重复使用来节约开支。

家庭生两个孩子有利于孩子健全人格的培养。实施计划生育政策以来，我国已经有接近1.5亿多的独生子女。家长和教育工作者看到了独生子女成长中的一些问题，如孤独、自私、不擅交际、抗挫折力差、怕吃苦等。父母给独生子女生个弟弟或妹妹，有利于培养其健全的人格。哥哥姐姐在照顾弟弟妹妹中能够提升自理能力，完善自我形象，树立榜样意识；弟弟妹妹在与哥哥姐姐的玩耍中能提高合作能力、分享美德。

那么，如何达到上述教育效果，这就涉及提升家庭教育质量的问题。

第一，父母应懂得适当放手。家庭"单独二孩"的来临，最好选择在第一个孩子已经摆脱了婴儿期，进入到学龄前或儿童期，有了一定的自理能力、理解能力、沟通能力。哥哥姐姐一定的自理能力已经建立，他们可以帮助弟弟妹妹穿衣、吃饭，并利用他的知识给弟弟妹妹讲故事、规范行为。孩子间有了玩伴，就不会长时间缠着家长。这样，父母可以充分利用第一个孩子的教育资源，从亲力亲为的教育中解放自己。

第二，要建立公平、公正的家庭氛围。父母不能厚此薄彼，也就是说两个孩子如果有值得表扬或奖励的事情，应给予同等肯定；如果孩子犯了错误都应该给予相应的批评或惩戒。不能因为年龄小或其他原因，父母在对待两个孩子的问题上态度不一致，会给孩子带来巨大的反差。

第三，父母要规范言行做好榜样。父母不可因放手而忽略了自己在家庭中言传身教的作用，虽然第二个孩子的部分教育由第一个孩子来协助，但第一个孩子的教育却主要来源于父母，如果父母不能给第一个孩子树立良好的榜样，不仅会对第一个孩子产生不良影响，第二个孩子在父母及哥哥或姐姐的影响下也会受到不良影响。

第三节 "二孩"家庭子女教育的辅导策略

"全面实施一对夫妇可生育两个孩子政策"，党的十八届五中全会公报中的新政策一公布，立刻引发社会热议。这是继 2013 年十八届三中全会决定启动实施"单独二孩"政策后的又一次人口政策调整。人口政策的变化，影响深远。全面放开"二孩"政策，将使得城市户籍人口数量进一步增加。因此，在"十三五"以及今后的社会发展规划中，学龄人口的预测和教育规划就显得更为关键。我国当前的教育以及公共服务的供给能力是否能满足新的人口形势？全面放开"二孩"，教育如何"接招"？这是我们必须面临的问题。如何解决二胎出生所带来的家庭格局的变化与家庭矛盾的产生也就成了二孩父母们所面临的重要课题。"二孩"家庭父母应该警惕比较心理，要给予孩子"退行"空间，留出与第一个孩子的独处时间，同时要给予第二个孩子适当的关爱。

一、二孩出生对老大的影响

随着全面实施"二孩"政策后，家庭中新添了一个小成员，对第一个孩子的心理是一个巨大的冲击，他们大多认为由于弟弟妹妹的到来，父母对自己的爱减少很多，因此产生恐慌、失衡、不适应的心理，造成学习生活的障碍。而对二孩家庭中第一个孩子出现心理问题的现状，我们需要共同探讨针对性的家庭辅导措施。家庭中第二个孩子出生后对老大的影响主要表现在以下几个方面：①注意力分散——上课的专注程度不比以前，常常分神，眼睛游离的次数比较频繁；

②学习下降——学习成绩方面，下降趋势比较明显。即使成绩偶尔上来了，也不稳定；③兴趣降低——整个人的状态不如之前积极向上，动力不足。对事物的兴趣不强烈，在乎指数低；④情绪不稳定——行为上表现与之前异常，或躁动不安，在人群中显眼地活跃或沉默寡言，不喜欢和人说话，常常独处；⑤行为退化——原本已经学会自己吃饭，却要求父母喂饭，甚至要求用奶瓶，已经不再尿床的孩子，如今又开始尿床了。

二、孩子心理问题的形成原因

（一）自我中心地位的改变

独生子女是家庭的中心，家庭生活的一切都围绕这个中心转。这种安逸感在之前的很长时间里就在他的心里根深蒂固，不可改变。随着家庭新成员的到来，独生子女中心地位明显改变。虽然都是父母的亲生孩子，但刚出生的那个更需要照顾，家庭的重心一下子就转移了。家庭地位的急剧下降，会给独生子女带来巨大的失落感和落寞感，甚至产生一种极不稳定的焦灼感。

（二）被要求长大

当家庭中有一个孩子时，其对父母依赖性比较强，自理能力也比较差。但新成员的到来，让父母的家庭工作量一下子增加了许多。对于第一个孩子，父母自然会减少照顾的精力。这些原本是家庭中心的孩子，一夜间，被父母要求快速长大，长成为不要再让父母操心的独立自主的乖孩子。但因急速长成，往往缺少了一些环节而引发一系列的问题。

（三）占有权减少

当今社会，抚养孩子的成本比较高，对于多数普通家庭来说，多养一个孩子就意味着原来的物质生活质量相对要降低。独生子女原来张口就能满足的吃的、玩的就不那么轻易能得到了。而有好吃的、好玩的，也要先让给弟弟妹妹，原有享受权利的减少，必定会让孩子产生心理落差。

三、促进孩子身心健康发展的对策

对于二孩的出生第一个孩子往往采取不接纳的态度，其原因是多种多样的，并不是在短时间内，靠单一的方式可以解决的。当然，面对这样的问题，我们不能一味地退缩害怕，而是需要我们通过多种渠道、多种方式来相互起作用。首先我们要认清子女拒绝接纳弟弟（妹妹）的情况何时而起、因何而来，这样才能有针对性地加以解决。如果只是因为作息规律打乱、生活习惯发生变化而造成的，那么只需要在家庭成员照顾孩子的分工上适当加以调整，经过一段时间的磨合期就可以慢慢适应过来了；如果是心理问题，那么我们还得用心药医治。

总体说来，这种调节方式并不是单一地采取某种方法，而是把几种方法综合在一起，在实际操作中根据个人的具体情况选择最适合的方法，才能达到更好的效果。我们要努力提高家庭子女适应和改变环境的能力，以积极的心态对待身边事物，热爱生活，培养其坚强、独立、有责任心等优良品质。下面我们从以下几个方面具体谈一下有关解决家庭子女不接纳"二孩"问题的建议。

（一）对家庭的建议

1. 重视孩子的心理健康

父母在二孩出生顾虑问题上，仅有很少的一部分的家庭担心"老大不适应"，而大部分家庭都选择了"担心经济负担过重"。可见父母在养育孩子问题中更加重视的是孩子成长的物质环境，而轻视孩子的心理健康问题。父母要尊重孩子，理解孩子，与孩子平等相处，尽早跟孩子商量家庭要生育弟弟妹妹的事情，孩子会更加的独立、懂事，理解爸爸妈妈照顾弟弟妹妹的行为，尽快适应弟弟妹妹到来的生活。

家庭中老大适应期较长的孩子，父母普遍缺乏对此问题的预见性。面对老大出现的一系列情绪情感问题视而不见，不能够敏感地感受到孩子内心的变化。因此，父母可以多关注一些育儿周刊、育儿网络平台以及早期教育类书籍，学习儿童心理学知识。父母应该在要生育二孩的初期，了解别的"二孩"家庭出现的一些现象，当自己孩子出现类似情况的时候，不焦虑，耐心引导孩子宣泄自己的不良情绪，正确对待这一变化。

2. 加强与孩子的沟通

子女在得知母亲怀孕后，其反应是各不相同的：有些孩子经常会问妈妈，如果妈妈有了弟弟妹妹会不会还对自己好；也有些孩子会表现得十分兴奋一遍遍问总是抱着妈妈肚子听动静；更有撒泼胡闹、满地打滚的孩子。在子女出现明显的情绪信号后，父母一定要采取应对措施，来维护家庭关系的平稳。在家庭关系的维护中，最重要也是最难的一关是沟通，因此，在家庭中处于重要地位的父母一定要承担起沟通的全部责任。沟通可以有各种方式，针对不同的孩子采用的方式不同。比如对显现出成就取向的孩子，可以朝"带着弟弟（妹妹）会锻炼你的领导能力，你会获得父母更多青睐"这个方向引导；比如对依赖性强的孩子，可以向"以后有个弟弟（妹妹）陪你玩，你就不会孤单"这个方向引导；对好奇心强、是非观念强、讲道理的孩子，沟通方式都不一样。

有很大一部分家庭在二孩出生时老大是2～10岁的孩子，此阶段的孩子在道德认知体系上大多还处于"唯利是图"阶段，即"前道德阶段"和"他律道德阶段"。前道德阶段的孩子以自我为中心，认为全世界都是围着自己转的，如果出现一个弟弟（妹妹）抢东西，那就要抵制和反抗。这是一个基本的生物求生反应，家长很难对这个阶段的孩子讲道理——他们是不讲理的。所以只能以简单的利害关系来承诺，如"给你的东西绝对不会少""弟弟（妹妹）带得好会有更多奖励给你"等。在弟弟妹妹出生后，稍大一些的孩子会发现妈妈的时间被新生儿占据，因此有些老大会需要一位亲人的独占权——"既然妈妈必须照顾弟弟（妹妹），那爸爸（姥姥或奶奶）就必须照顾我，不许碰弟弟（妹妹）"，这种时候父母为了安抚老大，必须对两个孩子的照顾做好合理分工。只有两个孩子夜里睡觉是由父母两人分工负责的，这样才能使老大不产生被忽视的感觉；相反，如果在弟弟出生后老大就被交给别人照顾，老大内心必然会无比的失落。他律道德阶段的孩子服从权威，权威认为好就是好、坏就是坏。而弟弟（妹妹）的出生，可能会导致对子女的冷落，从而使他们误认为自己做得不够好而被父母抛弃，这也是非常令父母头疼的情况，因为这种想法更为复杂、矛盾，这个阶段容易出现一些无理取闹的行为。一方面，父母要增加母爱和父爱的投入，尤其要更加重视第一个孩子的心情，消除他的被抛弃感。有机会可以将老二暂时托付老人照顾，创造一些母子（父子）二人单独相处或短暂旅游的机会，这种一对一的亲子关系更容易促成孩子情绪的稳定。另一方面，父母不得不赏罚并用地管理子女，要么对他提供更周全、更有安全感的关注，要么利用他对外部权威的屈服来度过这个阶段。

总之，父母绝不可以逃避沟通的责任，将"应该懂事"的责任丢给子女本身，这对老大来说是很不公平的。中国人常说"孩子还小"，用在这里倒是很恰当。小孩子不可能懂那么多道理，对新事物的承受能力以及调节情绪的能力都还有限，出现情绪在所难免。一方面子女要从这些事情中慢慢学会与弟弟妹妹相处；另一方面也需要父母的积极引导，从而营造一个既尊重新生命又尊重长辈的和谐家庭氛围。

3. 帮助孩子处理情绪

孩子出于生存的本能，会对外部世界产生各种各样的情绪反应。但由于自我功能还处在发育阶段，对情感的体会（潜意识的意识化）、理解（认知层面的理解）和管理（情绪控制和管理）都不成熟，不能很好地应对自己的各种情绪。具体来说，当孩子因为环境的改变产生了一些自己无法承受的情绪，他们就会本能地把这些情绪反映给自己的父母，会通过哭闹、身体的疾病、眼神和语言的交流等方式表现出来。孩子总是能把自己无法处理的情绪抛给与他最亲近的人，这时就需要父母对孩子进行引导，将自己管理情绪的能力借给孩子来使用。

父母在引导孩子过程中重要的是，父母是否可以稳定、可靠的帮助孩子处理情绪。这些被孩子从内心表现出来的情绪，对孩子来说是无法处理的。也许是因为，这些情绪是孩子无法理解或者没有经历过的，也有可能这些东西对其来说是不利于成长的。比如仇恨的情绪，一般会伴随着杀死对方的幻想。这些情绪碎片会使孩子感到害怕、恐惧甚至想要逃离。接收到这些负面情绪时，父母的反应将会直接决定孩子将来如何处理类似的情绪。最好的应对方法是所谓的"非防御性"反应：首先，不被这些负面情绪所吓跑。孩子一哭，很多焦虑的父母就受不了，于是就喊别人来帮忙。对于孩子来讲，接收到自己情绪的主要照顾者被吓跑了，孩子慢慢就会认为自己的哭闹是不被接受的坏东西、不能出现，久而久之就会形成各种各样的心理问题。其次，是不能使用防御来应对。这里举两个反面例子：一个焦虑的妈妈实在是被自己的孩子哭烦了，孩子再哭她都当做什么都没发生一样，因为她把孩子啼哭在她身上引起的情绪反应彻底地隔离或者否认掉了，这样长大的孩子就学会了使用更加夸张的方式来表达情绪；或者妈妈对孩子的每一种反应都高度警觉，孩子稍有风吹草动，妈妈就先被吓得不轻，各种过度反应，这样长大的孩子就学会了隐藏自己的情感不去表达，反过来特别照顾别人的情绪。以上两种防御性的反应带来的都是不正确的应对方式，孩子会针对这些反应发展出自己的一套反应方式。最理想的状态，应当是父母既不被吓跑，又不使用否认、隔离、投射、压抑等不成熟的防御方式来应对，使用正确方法来引导孩子。正是这种稳定性，最终会成为孩子健康人格发展过程中重要的奠基石。

在教育子女过程中，即使父母做到了不逃避，也不防御，那具体怎样应对才好呢？首先父母应把孩子的情绪接收下来；其次去体会他的感受，即"共情"，去思考这些感受的意义，换句话说，要去寻找其背后的信息和意义；最后把经过思考和整理过的情感和思绪再教给孩子，最常利用的是语言和身体接触的方式跟孩子沟通。比如，当第一个孩子出现反常举动，通常是他感觉被忽略的时候，这时父母需要把他搂在怀里，等其平静下来再告诉他"宝贝，你听说自己就要有个弟弟（妹妹）了，你表现得那么难过和生气。如果妈妈是你，可能还会发更大的脾气（告诉孩子，你有情绪反应是正当的，是正常的，是爸爸妈妈能够接受的，不是什么坏事。）我猜，你这么难过，是不是因为担心弟弟或妹妹来到咱们家以后，爸爸妈妈就不再像以前那样爱你了呢？（对孩子的情绪提供一些合理的解释，帮助孩子处理这些情感。）"从而让他感受到爸爸妈妈对他的重视和爱。

4. 重视道德认知教育

父母对孩子过于溺爱，会导致孩子过于以自我为中心、道德认知发展缓慢，对家人不满就以极端（如逃学、打架等）方式来进行威胁。孩子形成这样的性格，最大的责任人是父母。社会上存在的那些"极其任性"的子女，其实是道德发育的落后，大多以自我为中心，缺乏对权威、对社会规矩、对普遍的世界观和价值观认识的一种表现。归根结底，父母在对孩子的教育中，没有树立足够的权威，更没有让孩子懂得基本的对生命、对亲人的尊重，也没有教会孩子在文明社会中如何合理应对家庭矛盾的方式。所谓"溺爱"，从社会关系理论的角度来讲，就是在投入"爱"的过程中缺乏树立权威及培养责任意识这两个过程。

"权威"对孩子的道德发展非常重要，父母和教师作为权威对孩子的行为进行规范和引导，对行为"对"与"错"进行解读，这是孩子对社会规矩认知的重要途径。健全的世界观、人生观、价值观的树立是离不开对社会规矩的正确理解的。如果父母在树立权威的过程中缺位，又在孩子上学期间对教师树立的权威进行破坏，那么这个孩子就很难形成一个健全的"三观"。

"责任意识"要求父母在"无条件"给予孩子关爱的同时，也要让孩子明白他们对家庭其他成员所负有的责任，他们也需要关心和爱护父母、体谅父母、理解父母的喜怒哀乐。这其实就是人与人交往中最基本的"共情"能力，是所谓"情商"培养的重要环节。然而，这并不是说父母在和孩子"交换"爱，也不是在"谈条件""你做到……我才爱你"之类，其真正目的是要培养孩子一种对他人应有的同情和善良。父母要让孩子明白自己处在以家庭为单位的群体关系中，每个人对其他家庭成员都应该有一种责任感，给予和接受都是按照需求来分配的。比如父母对孩子的抚养：父母从孩子的需求出发对孩子给予，完全忽视公平；而孩子对父母的赡养也是从需求出发，忽视赡养对自己带来的得失。"每个人都要尽自己最大的努力，然后大家按需分配"，这其实也是大部分家庭的分配方式。

总而言之，无论出生前后，子女对新出生孩子产生抵触，多数情况下是不可避免的，父母要对老大产生的负面情绪及时做出合理、恰当的反应。从长远来看，要避免"溺爱"导致的各种问题，则一定要在与孩子的交往过程中树立足够的权威，同时培养孩子的责任心、同情心，并设法提高其成就感。

5. 建立孩子的安全感

由于儿童自我意识越来越强烈，对于弟弟妹妹出生，家庭成员的变化，特别是妈妈的变化是非常敏感的。从全家人都只关注自己的成长，到现在每天更多的关注幼小的弟弟妹妹的成长，心理的落差非常大。由于心理的不成熟，不能理解父母照顾弱小的行为，所以行为情绪上表现出的异常是可以理解的。总的来讲，这都是一种缺乏安全感的表现。研究表明，儿童心理发展中，安全感是一切发展的基础，儿童在充满爱的环境中建立起来的亲密关系会引导儿童实现自我成长。

现代人生活节奏快，生活压力大，特别是女性又要带孩子又要上班，压力可想而知。但是作为女性，又注定了要承担母亲这一重要的社会角色。众多研究表明，三岁前孩子的成长和母亲关系重大，谁也无法替代母亲在一个孩子心中的位置。研究者在调查中也充分表明了这一点。家长们应该及早认识到这一点，从孩子出生开始，亲自养育孩子，和孩子一起成长，体验养育孩子的幸福。

父母对于二孩的出生，可能做了很多的铺垫工作，但是孩子还是会出现一些意想不到的变化。一个有效措施是，妈妈调整自己的精力分配。因为刚出生的宝宝更多的是吃和睡，所以妈妈可以好好利用这一阶段，把更多的时间和精力放在陪伴老大的身上，让他感到爱和安全感，使他与母亲建立亲密关系，相信他会很快适应这个对他来说的非常时期。

家庭是伴随每个人一生的生活环境，是儿童实现社会化的最重要场所。和谐的家庭氛围的形成需要家庭每一个成员的努力，这种努力的过程本身就是对孩子成长的有利影响，可以帮助孩子形成社会行为，实现自我成长。

6. 鼓励家长自学

对子女实施良好的家庭教育，首先需要家长自身具备较高的素质，这包括科学文化素养、思想道德品质、现代教育理念、科学教育方式方法、沟通协调技巧等，其中涉及教育学、生理学、心理学、伦理学、社会学等多门学科，范围广、内容多。不管家长原先知识水平如何都必须要继续努力学习，不断充实和完善自己的知识结构和育儿能力。只有具备自我学习能力的家长才能够不断地获取新的知识，提高自身能力，适应当前"二孩"家庭教育的需要。家长可以通过阅读书籍、上网查询、观看电视节目、听取讲座、参加专业培训机构以及请教专家、与他人交流等多种途径进行学习，要学以致用并且经常反思，总结经验，吸取教训，使家庭教育生动活泼，提高家庭教育成效。

（二）对学校的建议

1. 更新学校教育理念

我们应该认识到学校教育和家庭教育虽然各有分工，但培养"和谐健康发展的人"这一终极目标是一致的。学校应该创新德育形式，丰富德育内容，不断提高德育质量，例如，进行生动活泼的爱心教育、文明礼貌教育、劳动教育、尊老爱幼教育、明辨是非教育等，教会独生子女们学会做人、学会合作、学会竞争，将关注孩子的智力发展转移到关注孩子的全面发展上来。儿童家长需要做好的，学校及其教师也同样要做好，并且首先需要在学校教育中做到教学与育人齐头并进。我们要求家长改变其教育观和成才观，与此同时学校的教师也需要改变其教学观念，这就提高了对教师的要求。教师不仅要拥有丰富的教学经验，掌握学生的教育原理和方法，同时也要跟随社会的发展更新自己的教育观念。即便是专业院校毕业的教师，随着社会的进步和发展，在教育实践中也会遇到许多过去没有接触过的新问题，譬如当今社会中独生子女家庭身上显现的各种问题，需要教师去重新学习和思考，采取适当的教育对策。这样才能让教师去指导家长进一步地做好家庭教育，让我们的孩子能够健康成长。

2. 让孩子生活在爱和包容的环境里

父母在二孩出生后的家庭"特殊"时期，要理解孩子的变化，并把这一特殊情况告诉给孩子身边的其他人，特别是孩子幼儿园或学校的教师，对于孩子突然的情绪心理变化给予充分的包容，也请教师帮助多关爱孩子，毕竟对于孩子来说，父母和教师是他们最亲密的陪伴者，很多教师也是孩子崇拜的对象，所以争取教师的帮助显得尤为重要。

3. 设计有针对性的引导课程

由于国内这一政策的变化，幼儿园或学校可以有针对性的设计一些相关的课程，比如在课堂上听讲述家里有了弟弟妹妹的绘本故事后，讨论如果自己有了弟弟妹妹该怎么办？课外活动中多让孩子扮演哥哥姐姐的角色，而不是爸爸妈妈的角色。大孩子和小朋友结伴，开设专门的结对游戏时间。这些活动可以减轻孩子在弟弟妹妹出生后的不良情绪。

4. 采用混龄教育模式

现代社会，许多独生子女不懂得谦让、没有学会容忍，因为他们没有得到受人关注带来的愉悦，因此也就缺少多为别人考虑的意识。国内部分地区已经开始尝试在幼儿园阶段设置"混龄班"，摆脱以往按年龄段分班的教条思维。幼儿混龄教育的概念：把3～6周岁的学龄前儿童组织在一个事先创设好的区域一起学习、共同生活和游戏的一种教学模式。让儿童感知到被接纳、被关爱以及被支持的和谐环境，让儿童在一起学习、玩耍的过程中学到与人融洽相处的技能。针对当前独生子女家庭较多的现状，不同年龄的儿童之间缺乏一起活动及情感交流的机会，混龄教学模式可以为儿童创造情感交流的机会，它类似于现实生活，能使不同年龄段的儿童学会理解和关心别人，培养适应社会的能力。

混龄教育模式同样可以在小学中运用，学校可以将原本按年级分组开设的课外活动改成按每组各年级人数平均分布的形式。活动内容要考虑各年级学生的特点，高年级学生，能力强的可给予领导角色的表现机会，让其感受到成长的快乐；对于能力弱的低年级学生在活动中会受到高年级学长的格外关注，认知及社会经验可以从与学长的交往中模仿。所以，无论对哪个年级的孩子，混龄教育的弹性化环境既兼顾了儿童在发展水平、能力、经验、学习方式等方面的差异，又兼顾了儿童的个性化需求，使儿童在充满温馨和爱心的家庭式教育环境中共同生活、共同学习，进而促进他们的健康成长。

在学校，通过混龄教育的儿童大多活泼好动，具有好奇心，喜欢主动与身边的人交往，独立性强，善于思考和探索。混龄教学模式的应用不仅能为儿童创设一种自然的学习环境，还可以给儿童提供异龄观摩的学习机会，有利于提高独生子女与不同年龄孩子和谐相处的能力，从而为将要成为哥哥姐姐的独生子女们做好心理准备。正如蒙特梭利说的那样："在蒙氏混龄班里，年长孩子和年幼孩子彼此之间的沟通与和谐关系，是很难在成年人与孩子之间出现的。他们彼此之间存在着一种自然的精神上的相互渗透作用，年长孩子的心智比成年人更接近年幼孩子的心智，不同年龄的孩子间互相关爱、互相帮助、互相学习、互相赞赏、互相合作、共同进步，表现出了真正意义上的手足之情。"

（三）对社会的建议

1. 发挥媒体的正面引导作用

当今社会，随着市场经济的发展，大众传媒的快速建立，城市儿童的家庭教育必将进入一个新的时代。巨大的信息量拓宽了孩子们的视野和知识面，对孩子的家庭教育也产生了积极的作用。然而，大众媒体中传递的大量负面信息也就随之而来，它们腐蚀了儿童原本健康的心理，甚至部分影视剧为获取收视率胡编乱造剧情，大量的虚假信息混淆了孩子们的视听，从而误导年幼且不具备辨别能力的儿童形成错误的人生观、价值观。因此，这就要求家长经常关注孩子通过影视媒体接收到的信息是否真实、健康，预防媒体不良信息对儿童的腐蚀。另外，政府应加强对文化传媒的监管、审核及筛选，避免在黄金档播放题材内容不利于儿童心理成长的影视作品，多引进国外经典的家庭生活类儿童影视节目，使"二孩"家庭的孩子们从中学会正确的兄弟姐妹间的相处，从而坦然面对弟弟妹妹的到来。

2. 办好家长学校

随着原"独二代"家庭家长们对子女家庭教育知识的需求日益增加，相关职能部门必须引起高度的重视，采取有力措施加以解决。尤其是在当前"二胎"新形势下，政府要把全新的教育理念融入独生子女家庭教育中，并作为科教兴国的一项重要工程，做出全面部署和具体安排，帮助解决工作中的实际困难和突出问题；要发挥教育部门在儿童家庭教育工作中的主导作用，要把家长学校的师资培训纳入幼师继续教育的计划；要积极拓宽办学渠道，鼓励和支持社会力量兴办教育培训机构，逐步建立多元化的家长学校办学体制使家长们得到全面、系统、科学的家庭教育指导。在依托幼儿园办家长学校的同时，根据社区功能日益完善和传媒的发展，可以创建一批社区家长学校、广播电视家长学校、网上家长学校等。大力宣传、普及家庭教育知识是家长学校的基本任务。学校要通过宣传活动，进一步引导广大家长树立德育观念，从尊重儿童、理解儿童出发，全面实现亲子互动、共同成长的目标。

3. 政府社区应为"二孩"家庭提供相应帮助

人的一生主要的社会性发展活动都与家庭有关。每一个人从小开始长达十几年的时间都是在学习知识，掌握知识，但学校没有专门的课程教会父母如何处理婚姻关系、亲子关系、家庭关系。很多人不知道婚姻需要用心经营，养育孩子需要用心学习，对于这些只是随性而为，导致很多家庭因为一些很小的原因破裂，很多孩子在成长中留下心理阴影。因此，建议社区对即将结婚和即将为人父母的年轻人开设相应的课程，并要求学习考试合格以后才能取得婚姻和生育的相关手续。这样普及父母心理健康教育，一定可以推动社会的和谐发展。

中国即将进入老龄社会，政府作为政策的制定者，鼓励生育二孩的同时，应该考虑到家庭中母亲对孩子成长的重要作用，适当延长二孩母亲的生育假期，让母亲更加安心地投入养育两个孩子的生活中。孩子只有身心健康的成长，才能成就一个民族坚实的未来。

（四）对第一个子女的建议

我们要从小培养孩子热爱生活、以积极乐观的态度对待身边事物的心态。积极的心态有助于孩子克服困难，看到希望，保持进取的精神。消极心态使孩子对生活和学习充满了抱怨、沮丧、失望、自我封闭，限制和扼杀自己的潜能。积极乐观的心态对于子女顺利接纳弟弟妹妹也起了很大的促进作用，绝大多数有积极心态的子女总是能把弟弟或妹妹的到来归因于正面因素，如爸爸妈妈想给我添个玩伴、这个世界上又多了一个能无条件爱我的人等，从而对接纳弟弟妹妹持肯定态度。"二孩"家庭的父母应设法引导第一个孩子对弟弟或妹妹的到来采用正面归因，避免其他人对孩子说"喜欢弟弟或妹妹，不喜欢你"之类误导的话。

首先，我们要培养孩子乐观积极的心态，应从自身出发，培养儿童的安全感和愉悦感。父母应意识自己的一言一行对孩子的影响，如果父母本身对事物的看法就是积极乐观的方式，那么孩子就会耳濡目染，这就是言传身教产生的效果，所以父母应该通过积极的沟通和正面评价来引导孩子积极面对生活，培养乐观的心态。当孩子出生后，父母就需要使用肢体语言，积极地和孩子进行亲密交流。有些父母可能认为，孩子太小还不懂这些，但是每一个孩子是能够感受和读懂这些的，并受到家长情绪的影响。"镜子理论"就提出：父母对婴儿甜甜地笑，婴儿往往以笑回报。每天对着婴儿笑，说你很爱他，使他感到自己被爱被重视，这些正面的行为和情绪使孩子快乐，因此，安全感和愉悦感就慢慢建立起来了，而这正是积极乐观心态的基础。

其次，帮助孩子调节情绪，尝试接纳新鲜事物。孩子必须明白，良好的心态是需要自己调整出来的，尤其在孩子受到挫折或失败时，要注意引导孩子如何调整心理状态，并学会朝积极的方向考虑问题，才能恢复乐观的心情。当孩子遇到问题止步不前时，想要孩子积极勇敢地面对，我们就应该带领孩子共同去完成这件事，克服孩子心中的恐惧感。如果"二孩"家庭的老大抱怨妈妈只顾着照顾弟弟或妹妹，无暇陪伴自己而产生负面情绪时，妈妈应给沮丧的老大一个拥抱，告诉他妈妈对你们两个的爱是一样的，并尽量安排固定的时间陪伴老大，让其知道自己得到的爱并没有减少，从而消除其自认为被父母冷落的恐惧感。与此同时，父母要多带孩子去尝试更多的新鲜事物。想要克服孩子自身对新鲜事物的恐惧感，就应该采用反向教育的方式，帮助孩子克服恐惧。二孩出生前，父母可以经常带孩子与其他家庭进行联谊活动，让其体会有弟弟妹妹陪伴的乐趣。同时，可以安排子女与周围一些家庭的孩子交朋友，在接触中使其意识到家里有两个孩子是很普遍的事情，从而对弟弟或妹妹的到来做好心理准备。

最后，要限制孩子的物质欲，培养其广泛的兴趣爱好。对物质的过分追求会让孩子产生"得到才是幸福"的错觉，家长要让孩子知道快乐和拥有物质的多少没有关系，分享才是一种更高境界的快乐。当父母给老二准备东西时，也要给老大准备相应的礼物，可以告诉他是弟弟或妹妹送给他的礼物，老大经常收到弟弟或妹妹送的礼物，开心的同时也使其更爱弟弟或妹妹，相信也会愿意将喜爱的东西送给弟弟或妹妹，从而渐渐学会分享。另外，父母平时要多留意孩子的爱好，为其提供多种兴趣爱好并加以正确的引导。

第四章 离异家庭父母教养与儿童心理发展

随着我国对外开放政策的进一步加强，对外经济往来日益频繁，中西文化相互碰撞，人们的价值观念也悄然发生着变化，而婚姻观念的转变又导致了社会上相当数量的离异家庭不断涌现，成为社会进步中的不稳定因素，对我国社会的和谐发展构成了巨大的威胁。因此，对离异家庭子女心理健康的研究不仅具有重大的理论意义，而且具有深刻的现实意义。离异家庭结构的不完整性对离异家庭子女的成长产生一定程度的影响。对于身心发展处于关键期的离异家庭子女而言，如果对此没有引起足够的重视并采取切实可行的措施，则有可能对其今后的人格、情绪、认知、行为等各方面的发展产生负面影响。由于离异家庭意味着家庭关系中的夫妻关系、亲子关系这两种最基本的关系所组成的家庭"三角结构"发生变化，必然会引起家庭中各成员的不适，而其中受到冲击最大的则是处于心理弱势的离异家庭子女。他们生活在父母离异所带来的阴影里，心理承受着极大的创伤。因此，关于离异单亲家庭子女的心理健康问题是值得人们研究的重要课题。

第一节 离异家庭对儿童心理发展的影响

家庭是儿童成长的重要场所，家庭结构对儿童的心理健康有着直接和深远的影响。随着社会的发展和人们多元化观念的出现，传统的婚姻和家庭的价值日益削弱，离婚率不断上升；城市化发展使大量"低质量高稳定"的婚姻具有潜在的破裂危机，在这种新的文化背景的冲击下，离异家庭的数量还会日益增加。家庭结构的变化必将给处于成长中的孩子带来极大的心理伤害。

离异家庭子女要比完整家庭子女更易遭遇较多的负面生活事件，在自我认知水平及外界环境的综合因素的影响和作用下，他们无法从容应对这些负面生活事件，从而产生了一系列的心理健康问题。具体表现为易发生不良情绪、人格发育受阻、性格缺陷严重、社会性发展较差和情绪行为适应不良等现象。

一、易产生不良情绪

情绪和情感是人们对客观事物的态度体验及相应的行为反应，是与人的特定的愿望或需要相联系的，历史上曾统称为感情。情绪主要指感情过程，即个体需要与情境相互作用的过程，也就是脑的神经机制活动的过程，具有较大的情景性、激动性和暂时性。情绪代表了感情发展的原始方面，既可以用于人类，也可以用于动物，而情感经常用来描述那些具有稳定的、深刻的社会意义的感情，具有较大的稳定性、深刻性和持久性。情绪和情感是有区别的，但又相互依存，不可分离。稳定的情感是在情绪的基础上形成的，而且它又通过情绪来表达。因此，情绪和情感是以个体的愿望和需要为中介的一种心理活动。当客观事物或情境符合主体的需要和愿望时，就能引起积极的、肯定的情绪和情感。当客观事物或情境不符合主体的需要和愿望时，就会产生消极的、否定的情绪和情感。

离异家庭子女在情绪和情感发展方面会受到不同程度的影响。情绪和情感是人的重要心理现象，是人的心理过程的一个重要组成部分，它是一种心理活动过程的两个不同的侧面，是对客观事物能否满足需要而产生的一种态度体验。

情绪情感是由一定的对象引起的。如果没有一定的客观事物的刺激，人的情绪和情感是不可能产生的。这里的客观事物是人的情绪和情感的基础，是主观意识之外的并与主观意识相对独立的客观存在。能够满足人们的某种需要的客观事物、情景会引起积极的情绪、情感；与之相反，不满足人们需要的客观事物就会引起消极的情绪、情感，即负面情绪，具体的表现为抑郁、暴躁、孤独、愤怒、发呆、焦虑、悲观、懦弱等。

因此，情绪与人的生活息息相关。而离异家庭不能满足青少年健康成长的需要，所以离异家庭的子女会有更多的负面情绪。主要表现在以下三个方面。

（一）情绪不稳定，波动幅度大

父母离异给孩子精神上带来了难以磨灭的影响。在孩子心理上起变化的是情绪情感特点。研究表明，父母离婚所造成的不稳定的家庭环境，对孩子情绪的发展有明显的影响，情绪波动大，不良情绪发生率高。离异前，早已经失和的家庭里，人际关系是多变的。家庭成员之间缺乏相互尊重、相互理解和最起码的相互信任。生活在这种家庭环境中的孩子，幼小的心灵时刻承受着情感大起大落的冲击。离异后，父母之间的"战争"算是停息了，可孩子的情绪就表现出十分烦躁、易怒、爱哭，情绪十分低落，经常发呆。

离异家庭子女的情绪不如完整家庭子女稳定、乐观。从情绪体验的性质和反应程度等方面来说，离异家庭的子女与完整家庭的子女也有很大差异。在情绪体验的性质方面，完整家庭的子女的情绪是积极的、肯定的，而离异家庭的子女则是消极的、否定的；在情绪反应程度方面，完整家庭的子女是平稳的、适度的，而离异家庭的子女则是冲动的、剧烈的。

（二）消极情绪占优势

父母离异、家庭破碎使离异家庭子女的情绪和情感发展普遍受到严重的消极影响，不良情绪发生率普遍升高，情绪和情感普遍出现消极变化，且极易产生强烈的愤怒、恐惧、抑郁等消极情绪。研究表明，离异家庭子女中几乎有半数的孩子痛恨自己的父亲或母亲，甚至对双亲都憎恨。

1. 愤怒

父母离婚，家庭解体破坏了和谐的家庭气氛和温馨的家庭环境，离异家庭子女突然失去父母的爱，失去了已有的安全感和幸福感，常会感到惊恐不安，容易愤怒。而这势必会严重影响他们对待父母的态度和感情。

离异家庭子女不但怨恨父母，还会迁怒他人，甚至迁怒整个社会。他们对成人怀有敌意，对谁都不信任，自我封闭，不愿与他人进行情感交流；遇事易怒，稍不如意就做出过激行为，以此来发泄心中长期压抑的不满，如行凶、斗殴、做事不考虑后果等。

2. 恐惧

当孩子意识到自己遇到了某种危险，而自己又无法摆脱时，容易产生恐惧感。孩子的恐惧多来自不安全感，对孩子来说，最可怕的莫过于失去父母的爱，或被父母遗弃，而经历过父母离异的孩子则更怕被唯一的亲人遗弃。年龄越小，这种恐惧心理越强烈。据调查发现，有90%的孩子在父母离婚后的6个月里有恐惧感。从北京地区的调查结果看，在父母离异的前6个月里，也同样有26%的离异家庭子女，表现出强烈或较强烈的恐惧感，致使孩子心理经常笼罩着担忧、惶恐、害怕。在行为上常表现遇事畏惧不前、惊恐、怯懦。若不能尽快地帮助孩子适应改变了的生活条件，则必将导致适应性心理疾病的发生。

3. 抑郁

离异家庭子女在父母离婚后一般都比较沮丧、低沉、痛苦，对周围的人和事失去兴趣，对任何东西都提不起精神，且对未来感到悲观失望，整天闷闷不乐。可见，有些儿童经过父母离婚所带来的挫折后，变得过早地成熟起来，心理上承受着与同龄人不相应的负担和压力，少了一些童趣。

总之，面对父母离异的现实，孩子们承受着精神上的巨大打击。在他们幼小的心灵里留下的创伤并不低于离异的父母。正如儿童心理学家李索克的推断："离婚问题是儿童面临着最严重、最复杂的精神健康危机问题。"

（三）情绪情感适应过程比较长

由于婚变给离异家庭子女造成的心理影响，一般不会短期内消除。由此而造成的情绪情感的变化要经历一个逐步适应的过程。有研究显示：离异家庭子女情绪情感的变化有着相似的趋势，共经历六个阶段，这体现了儿童在父母离婚打击下恢复过程有着某些共同的情绪模式。

第一阶段：愤怒与痛苦。父母离婚初期，子女表现极为失望，心灵上受到极大伤害。于是他们产生恐惧、愤怒、羞愧、焦虑、攻击性行为、做噩梦等情绪行为。这段时期一般为3～6个月，有的可能达一两年之久。

第二阶段：盲目乐观。在强烈悲痛之余，约有40%的离婚家庭子女则在悲愤期前进入盲目乐观阶段，而大多数孩子则是在悲愤期后才进入盲目乐观阶段。这个时期的孩子主要表现为：对什么都无所谓，整天嘻嘻哈哈，近似反常；当教师或朋友开导他时，他还觉得是多余的。这段时期一般不超过3个月。这是一种精神亢进状态。

第三阶段：流动与出走。处在这一阶段的孩子，最显著的特征就是他们无论身在何处，都处在一种"上满弦"的状态，行踪不定，夜间到处乱跑，一周大概要重复2次。他们喜欢置身于嘈杂动乱的环境中，上课注意力高度分散，旷课，不完成作业，漫无目的地走动。约有70%的离婚家庭的儿童感到一个人在家恐慌，要外出"流动"。从第三段起，经历时间因人而异。

第四阶段：终日忙碌。据统计有30%～40%来自离异家庭的子女都经历这一阶段。这个阶段在行为上是忙碌的，但在内心感到压力又是沉重的。所以他们往往表现紧张、孤独，感到生活的残酷性，不愿意提起父母的事情。

第五阶段：渴望与思索。此时要设法摆脱僵局，使情感和周围环境获得平衡，并思考这些问题：什么是家庭，父母为什么要离婚，我觉得自己在父母离婚后变得成熟了。

第六阶段：获得新生。即在情绪情感上初步恢复正常，表示能理解、容忍痛苦和不幸。对儿童来说，从父母离婚到获得"新生"，需要2～3年或3～5年，一般女生比男生时间要短些。

二、人格发育易受阻

人格的定义在学界一直具有争议。在当代，最有代表性的定义是佩兰给出的。他指出，人格是为个人的生活提供方向和模式的认知、情感和行为的复杂组织。人格具有稳定性、整体性、复杂性和独特性四个特征。

人格是稳定的、习惯化的思维方式和行为风格，它贯穿人的成长始终，是人的独特性的整体写照。在人格的形成过程中，会受到诸多因素的影响和制约，其中有遗传因子、所处社会文化背景、家庭环境及后天的学习活动等。

家庭环境起着举足轻重的作用。一个人必将经历出生、成长、成熟的生理、心理发展过程。在这个发展过程中，家庭环境成为浓缩的社会文化，铸就了一个人处于亲子关系、父母关系等人际关系中的人格。

中国有一句古话"三岁看大，七岁看老"，这就意味着童年及青少年的经历对一个人的人生道路起着相当重要的作用。童年及青少年时期的人生路程对一个人的人格的形成有重要影响。

那么，健康的人格具体指什么呢？著名心理学家奥尔波特曾指出：具有健康人格的人是成熟的人。成熟的人有以下标准：第一，专注于某些活动，在这些活动中是一个真正的参与者；第二，对父母、朋友等具有显示爱的能力；第三，有安全感；第四，能够客观地看待世界；第五，能够胜任自己所承担的工作；第六，客观地认识自己；第七，有坚定的价值观和道德心。而奥地利心理学家弗兰克曾指出：具有健康人格的人是超越自我的人。超越自我的人同样有下列标准：在选择自己行动方向上是自由的，自己负责处理自己的生活，不受自己以外的力量支配，能创造适合自己的有意义的生活，有意识地控制自己的生活，能够表现出创造的、体验的态度，能超越对自我的关心。虽然，上述表述各有不同，但所表述的内容大体上是一致的。而在现代社会中，用更通俗的语言来描述，即"能比较客观地认识自我和外部世界，对所承担的学习和其他活动有胜任感，能充分发挥潜能的，对父母、朋友有显示爱的能力，有安全感，喜欢创造，有能力管理自己的生活，有自由感"。

在离异家庭中，离异家庭子女过早地失去了完整家庭生存环境。这极易导致离异家庭子女人格发育受阻，从而造成他们的人格向着不健康的方向发展。例如，他们常常表现为不能客观地认识自己及看待他们之外所发生的生活事件、不够开放、缺乏安全感以及在对人对事方面易情绪化等特征。他们经常表现为极容易受外界的干扰，情绪波动有较大的起伏，性格偏内向，平时少言寡语，很少主动与同学交流，说话声音低沉，而且涉及家庭方面的问题极其敏感，平时上课容易走神。更严重的是，在心理上极易产生自暴自弃，对社会、他人产生距离感、甚至憎恨感，缺乏责任心等。因此，人格发育的"后天不足"成为离异家庭子女走向犯罪的主要根源。这主要是因为离异家庭子女心理存在失落感、内心封闭的情感体验，他们对于父亲或母亲的抱怨扩展到对周围环境（主要人与人之间）及社会的抱怨和不满。离异家庭子女由于缺乏正确的分辨力、自我认知力和自我约束力，因而极易受到不良思想的影响，从而误入歧途。还有的离异家庭的父亲或母亲出于一种亏欠与内疚的弥补心理，对于孩子的要求毫无限制地满足，这使离异家庭子女变得自私狭隘、唯我独尊。

三、性格缺陷严重

性格是一种与社会最密切相关的人格特征，是个人对现实的稳定的态度和习惯化了的行为方式，主要体现在对自己、对别人、对事物的态度和所采取的言行上。而儿童的性格是在社会化的过程中逐步形成的，性格的培养与发展离不开家庭环境的熏陶、学校集体的教育和社会环境的影响。其中父母的态度和行为最直接影响着子女性格的形成。正如一位名人所说：家庭是"制造人格的工厂"。许多研究证明，儿童的性格处于被塑造而尚未定性的阶段。这个时期儿童的态度和行为方式还不稳固，其态度和行为直接取决于具体的生活情境，受外部情境的制约，有相当大的模仿性和暗示性。所以，离异的家庭，从父母情感破裂开始，家庭人际关系失和，父母整日无休止地打闹，直到离婚的整个过程，既是对孩子施加各种不良影响，造成严重心理创伤的过程，也是使孩子形成不良性格特征的过程。情绪与性格是密切相关的，在协调人与人、人与物之间的关系上，情绪起着重要作用。不良情绪势必造成离异家庭子女性格异常。社会心理专家研究发现，父母离婚给孩子造成的危害，远比父母一方因故死亡的单亲家庭严重得多。在这种家庭环境中生活的子女性格缺陷严重，主要表现在以下几个方面。

（一）自卑

自卑是由自我评价过低而引起的一种消极的、不适当的自我否定的态度。有自卑感的孩子看不到自己的价值，总觉得自己低人一等，认为别人都比自己聪明、能干，而自己处处不如他人，对自己什么都不满意。这种情况下很易导致孩子"自卑情结"的形成，进而在自我评价中经常伴随着消极的情绪体验，如不安、内疚、胆怯、害羞、忧伤、失望等。离异家庭子女为父母离婚感到羞耻，怕人笑话，感到自己非常无助和不幸。在校表现为对学习失去信心，学习成绩普遍较差，各项活动不能积极主动参加。

（二）孤僻

性格孤僻的孩子自我评价较低，消极的自我情绪体验使他们形成扭曲的自我形象，既不能正确评价自己，也不能正确对待别人，以至不能接受自己。性格孤僻的孩子往往无友或少友，强烈的自卑感使他们不能自如地与他人交往，唯恐被人轻视和排斥，当恐惧感超过亲近别人的欲望时，就会压抑自己的欲望，对他人采取冷漠的态度。家庭的解体、父母的离异使孩子变得非常孤僻，他们把苦恼、不满和怨恨都深藏在内心，不愿向别人说，久而久之在学校生活中则以自我为中心，没有朋友，不愿与同学交往。似乎他们不仅被父母遗弃了，而且也被其他同学，被教师乃至整个社会遗弃了。

（三）偏激

离异家庭子女的思想、行为固执，不愿听别人的劝说；易冲动、脾气暴躁、自我控制能力差；对教师、同学、朋友不信任，常常把别人的好意或中性态度误解为恶意，防范心理特别严重，认为世界上好人少而坏人多，觉得别人老是和自己过不去，感到别人"笑里藏刀""指桑骂槐"，不能正确地、客观地分析形势，自以为是，看问题片面，心胸狭隘，对批评、拒绝过分敏感，对侮辱、伤害耿耿于怀，反应强烈持久。

（四）粗暴

易冲动而意志薄弱的孩子容易形成暴躁的性格，其核心是冷漠无情。当家庭氛围不和谐时，父母经常争吵、打闹，极易使孩子产生冷漠、压抑的心情，并由此产生惊慌、恐惧、心绪不定的情绪，长此以往，就会变得情绪暴躁而形成蛮横、粗野和冷漠的性格。其行为懒散，自制力差，情绪变化剧烈，遇事不思后果，动辄与人争吵殴打，经常爆发强烈的愤怒情绪和冲动行为。父母离婚后，与孩子一起生活的父亲或母亲的暴躁脾气没有消失反而进一步恶化，则更严重地影响到子女粗暴性格的形成和强化。

以上这些消极的性格特征，必将影响孩子与同伴的交往活动，造成其与人交往相处能力下降。有关学者研究认为：随着时间的流逝，这种不良的影响不仅不会减弱消失，反而会逐渐积累，引起更严重的交往困难，甚至造成交往障碍。这不仅会危害儿童的身心健康，也会危及整个社会的安全。

四、社会性发展较差

离异家庭使部分离异家庭子女社会适应性逐渐弱化，最突出表现在亲子关系或同伴关系上。其中，人的社会适应性首先是从家庭培养而成并加以强化的。家庭教育的最主要功能在于促使子女的社会化发展，促使其人格正常、全面地发展。在离异家庭中，由于家庭结构失衡，正常社会关系结构遭到破坏，离异家庭子女无法学习如何适应社会，产生偏激状态，且在与同伴、父母的相互交往中产生主观偏误，明显地表现出自我封闭、厌恶交往、冷漠、孤僻、强烈的攻击性、敌对性等行为，相互适应和包容性明显降低。这种现象随着父母离异时间的延迟有加重趋势，表现出时间累积效应。如离异家庭子女在许多方面与完整家庭子女存在着差距，如离异家庭子女易欺骗、说谎、同伴关系不良、脾气暴躁等。瑞曼等人发表了一项关于35个研究的分析，比较了离异家庭子女与完整家庭子女的幸福感。通过比较研究发现，离异家庭子女在学习成绩、行为、心理调节、自我概念、社会适应和亲子关系等方面的得分都显著低于完整家庭子女的得分；而且存在酗酒现象，喝酒的频率和数量都超过了完整家庭子女。

不仅如此，由于幼年时期离异家庭子女的社会性发展（人际关系）不良，还会对其成年后的人际关系产生消极影响。有研究发现，父母离异对子女成年后建立恋爱关系也产生了一定的影响，雅克特和苏拉考察了404对情侣，结果发现来自离异家庭的女性对男方缺乏信任度和满意感；来自离异家庭的男性往往因女方父母离异而认为双方的关系是暂时的。综上所述，离异家庭子女不仅在幼年时由于父母离异而在社会性发展方面受到影响，而且在成年后这种影响将仍然长期存在。

五、情绪行为适应不良

离异是一个复杂的过程，其间包含一系列的冲突和压力。这种冲突和压力在很大程度上会影响监护父母的心理适应。研究发现，绝大部分经历过离异的成年人都会出现不同程度的适应不良，表现出更高水平的焦虑、抑郁、愤怒和自我怀疑。在这种消极情绪下，监护父母往往很难关注到儿童的需求，他们更容易采取强制手段对待儿童，从而引起亲子关系的紧张，并进而影响儿童的情绪行为适应。从这一意义上讲，监护父母如能较好地识别他人尤其是孩子的情绪，有效地调节自身的情绪，则在一定程度上可以降低父母离异对儿童情绪行为适应的消极影响。也就是说，离异家庭监护父母的情绪智力很有可能与儿童的情绪行为问题之间存在负向联系。所谓情绪智力是指个体适应性地知觉、理解、调节和利用自己及他人情绪的能力。已有研究考察了父母情绪智力与儿童情绪适应的关系，结果表明，具有较高情绪智力的父母，其子女往往表现出更少的情绪行为问题。

从离异家庭监护父母情绪智力到儿童情绪行为适应之间存在一系列的中间环节，而希望感很有可能是上述中间环节的重要组成部分。作为一种坚信愉快结果有可能发生的信念,希望感的形成受其所属环境尤其是生活中他人的影响。父母积极的情感表达,对儿童情感需求的良好知觉和满足以及对儿童的关爱在很大程度上有助于儿童青少年形成和维持较高的希望感,而良好的希望感一旦形成,则有助于个体更好地应对环境中的风险因素,降低情绪和行为问题发生的可能性。也就是说,希望感在离异家庭监护父母情绪智力与儿童情绪行为适应之间扮演着重要的中介角色。

儿童的适应在一定程度上依赖于其父母对于离异的适应情况。如果监护父母不具备良好的情绪管理能力,在离异的过程中更容易表现出愤怒、抑郁、焦虑等消极情绪。而这种消极情绪的持续"溢出"很容易被儿童敏感地觉知,从而影响其情绪行为适应。而如果监护父母能够在孩子面前很好地管理自己的情绪,敏感地知觉孩子的需求并给予有效的回应,则在一定程度上可以有效防止消极情绪的"溢出",更加积极有效地与孩子互动,从而有助于孩子更好地适应父母的离异。

监护父母情绪智力对儿童情绪适应问题的影响在一定程度上是通过儿童的希望感实现的。希望感是个体在困境中调节情绪和心理适应的重要心理机制。儿童具有较高的希望感能帮助其有效克服困难,并缓解创伤性事件对儿童的不良影响。当他们在面临困难时,能够积极尝试不同的方式应对困难,从而降低心理与行为适应的风险。从这一意义上讲,离异家庭的儿童如能形成较高的希望感,其情绪行为问题的发生也会相对较少。而监护父母的情绪智力则在一定程度上能够作用于儿童希望感的形成。根据希望感的社会认知理论,个体的希望感是在早期以及当下与环境的持续互动过程中形成的。其中,父母与孩子之间的互动在儿童希望感的形成过程中扮演重要的角色。离异家庭中的监护父母如果能够很好地管理自身的压力和消极情绪,那么就容易给予儿童更多的关爱和支持。在这种环境下,儿童也更容易形成更加积极地看待自身和外部环境的认知倾向,其希望感也就容易形成并得到维持。而希望感一旦形成,个体往往能设定具体、明确、真实的目标,并愿意为之付出努力。在这种情况下,其情绪行为适应问题则会大大降低。

家庭结构的变化给离异家庭子女带来诸多负面影响。有研究表明,父母离异对儿童产生了很大的消极影响,导致他们在父母离异后的适应上遇到许多问题。离异家庭子女的情绪情感发展、社会性发展、性格发展和心理健康等方面都出现了不同程度的问题。有研究表明,子女在学校的学习成绩、整体综合表现和遵守纪律的情况明显较差。

第二节 离异家庭子女教育研究

在一个人成长、成熟的整个发展过程中,家庭、学校、社会等外界环境对于个人发展的积极作用和影响是非常深远的。而在离异家庭中,这种影响更为显著。就家庭环境而言,在子女的全部成长过程中,父母对子女的态度及其教育方式一直起着非常重要的作用。此外,学校教育的作用也极其重要。在学校里,离异家庭子女能形成比较固定的自我意识和社会意识,学校对学生的评价以及学生在学校班级中的地位、影响和作用对孩子的人格发展和社会性发展起着重要的影响作用。在现代社会里,除了家庭和学校,社会中诸如传媒、社会保障制度、法律制度等因素都是对离异家庭子女的身心健康成长起重要影响的因素。可见,对于离异家庭子女所受到的影响而言,家庭、学校教育以及社会中诸多因素被看作重要的影响因素。

一、自身心理原因

家庭结构的变化使得离异家庭子女对这种变化有一个适应过程,这种适应就是心理调适。心理调适的方式及所需时间都因人而异。有的子女因心理失衡,伴有自我封闭、自卑、抑郁、厌恶交往等心理问题,这样直接影响离异家庭子女正常的社会性发展(如同伴关系、亲子关系等)。

离异家庭子女所出现的心理上的变化与他们刚迈进青春期所具有的心理特征是分不开的。进入青春期的孩子,其正常的心理发展特点就是心理的封闭与开放之间的矛盾。一方面这种封闭主要是由于自身的独立意识而造成的;另一方面,这些孩子却又很希望与其他的同伴交流、沟通,而且希望得到他人的理解、认可,以消除其内心的苦闷和烦恼,同时也消除了内心的寂寞和压力。这样,就可以使其达到心理上的平衡和满足。而对于离异家庭子女来说,其一,他们内心既具有青春期孩子所具有的心理特点,同时又认为家庭结构的变化给其带来的心理压力难于向同伴启齿,使得他们所承受的内心压力与完整家庭子女所承受的心理压力相比更大。从而在心理活动的表现上形成了恶性循环,越是羞于见人,就越是难以启齿。其二,离异家庭子女和其他的孩子一样,在面对越来越多的在他们眼里看来是诸多复杂矛盾和内心困惑时,也希望从他们的父母那里得到帮助、支持、安慰和保护。但事实上,正是由于父母造成的现实局面却给他们带来最大的困惑和"一道难解的题",这对他们来说,可谓"雪上加霜",导致离异家庭子女往往不能对心理困惑进行自我调适,常伴有抑郁、自卑等心理状况。其三,正处于青春期的离异家庭子女由于在认知水平、认知能力、社会经验及心理发展水平存在有限性,故对于现实社会所发生的矛盾难以持有正确的态度和给予客观的评价。

二、家庭原因

(一)子女的亲情缺失

进入童年期和青春期的孩子都不同程度地对父母有依恋感,父母的爱是他们安全感、幸福感的来源。当父母离异以后,父亲或母亲一方离开家庭,使他们缺失了一方的父爱或母爱。也正是由于离异家庭子女缺乏父亲或母亲的关爱和家庭的温暖,他们的情感世界呈现明显的缺失状态。当代欧洲一位著名的心理学家说:"家庭不仅是个人生活的起点,也是个人性格形成的源头,婚姻家庭生活越牢固,教育子女的条件越好。"而父母的离异,让原本牢固的婚姻关系彻底破裂了,子女在家庭中难以得到全面的、完整的关爱。教育子女的前提条件也就没有了。面对父母的离婚,他们不愿与父亲或母亲进行沟通交流,而是常常将注意力转移到社会上寻找精神寄托与感情慰藉。然而,由于工作繁忙感到身心疲惫、教育责任心不足或难以胜任等原因,有监护权一方将孩子托给祖父母、保姆或幼儿园,失去亲自教育、照料孩子的机会。这样的离异家庭子女不仅失去了监护方的爱,同时也失去了非监护方的爱。对于离异家庭子女而言,亲情缺失造成他们日后的心理健康发展的严重障碍。由于家庭结构的变化,有的监护一方仍然没有摆脱离异带来的困扰,例如,阻止孩子与非监护一方的见面、交流及娱乐,这样不仅使孩子在感情方面不能得到及时弥补,而且也会给离异家庭子女造成严重心理伤害。

(二)家长的不良情绪

一方面,由于家庭结构发生了变化,家长在面对爱情的失落、安全感的丧失及社会的偏见时,都需要一个漫长的适应过程。在适应的过程中,他们难免会伴有不良情绪的产生以及会在很长的一段时间内产生一些心理健康问题,例如,抑郁、焦虑、自尊心下降、愤怒、敌意、孤独等不良情绪。而这些不良情绪无意中又会导致家庭气氛不和谐,并由此引发家长与子女之间的沟通交流日渐困难。

另一方面,这些不良情绪也会造成离异家庭子女情绪焦虑、紧张、害怕等不良的心理反应。离异家庭家长的不良情绪还会诱发其子女负面心理的产生。众所周知,离异家庭子女由于缺乏父亲或母亲一方的关爱和呵护,其情感已经变得非常脆弱，而离异家庭家长的不良情绪很容易使他们的孩子产生不良的心理暗示，而这种心理暗示强化了孩子的不良心理在心理上、行为上的外化表现，从而又反过来强化了家长的不良情绪，以致使家长和子女的关系出现了恶性循环状态。因此，离异家庭家长要努力克服和消除这种负性心理暗示，要多对于孩子的优点和积极的行为给予表扬和鼓励，帮助孩子树立自信心和坚强的信念。

（三）家庭情感教育的误区

家庭教育包括了非常广泛的内容，包括文化知识的学习、情感的熏陶、生活技能的培养以及社会规范的养成等。目前我国提到教育，就认为只是文化教育，这实质上是一个很大的误区。对我国大多数家长来说，过分注重文化教育而忽略子女情感的发展、能力的培养是一个十分突出的问题。这种情况在离异家庭中则更为严重，尤其在情感教育方面，不但非常缺乏正常的教育，而且常进行一些不好的反对社会主流文化的情感教育，给孩子们留下了极其不好的印象，导致年龄很小时就对人生有了一个不正确的认识。

儿童首先是在家庭中学习情感的，儿童时期的情感体验，对奠定个人的情感风格基础具有重要意义。离异给孩子的教育问题带来最大的麻烦是孩子失去亲情教育，缺失爱的环境的熏陶。在离异家庭中，能提供情感的父母少了一人，子女容易产生因缺乏情感关怀而造成疏离、自卑等心理问题。有些离异家庭长期处于情感失衡状态下，无暇或无意顾及孩子的内心世界，造成与孩子心灵交流的困难，对孩子的精神世界了解甚少，致使孩子正常情感生活被剥夺。儿童若是不能与父母有足够的感情交往，其健康发育、智力发展以及人格形成都将受到严重的影响。其次，由于年龄经验和智力水平的限制，少年儿童情感的丰富性和深刻性都还很差，情感发展水平不高，不稳定，带有很大的情境性，不善于控制调节自己的情感等特点，当他们失去了完整家庭中特有的亲情、友情等感情时，他们内心比其他孩子会更加渴望父母的关爱。然而父母出于各种各样的原因，给予孩子的爱出现扭曲、变形，导致孩子的情感更加失落，心理发展极不平衡。如有的在位家长教孩子过多的恨，有的甚至向孩子灌输"天下的男人没有一个是好东西""女人都是祸水""天下乌鸦一般黑"等思想，教孩子怀疑一切，逃离一切异性。离异家庭中，有的在位家长立足在偏激的立场上丑化前配偶，将家庭破碎的责任完全推到另一方身上或将夫妻之间感情破裂的原因归属到孩子身上，完全破坏了孩子心中保留的爸爸或妈妈的良好印象，使孩子陷入信任的恐慌中，从而形成恐惧社会、怀疑社会的可怕情结。还有的家长，在离异过程中经常动用孩子去当"间谍"，打探对方的消息，跟踪对方，要求孩子注意对方的一举一动，一言一行并及时汇报。这样孩子在不知不觉中养成了怀疑一切的习惯，对他人一概不信任，于是难以和教师、同学沟通交流，也就很难交上好朋友。可见在离异家庭中，父母情感教育的缺乏和误区对儿童心理健康具有显著的消极影响。

（四）错误的沟通方式

家庭结构的变化使得家长肩负的教育子女的责任更大了。而离异家庭由于缺乏父母言传身教的最佳组合优势，家庭教育的功效相对于完整家庭而言，明显处于弱势。而且离异家庭中家长要承担父母双重职责，于是导致有的家长对子女有过高的期望值，他们与子女沟通、交流时，会流露出抱怨、不满的语气；有的家长对子女的关注度过高，无形中会给子女带来心理压力；而有的家长则自暴自弃、不愿与其子女进行沟通；有的家长由于教育知识的匮乏而对其子女的教育显得力不从心，这都会影响子女的心理健康。同时，由于家庭结构解体，亲子沟通时间相对减少，离异后的父母不能对子女的学习、生活和交友等方面给予更多关注，导致孩子的学习成绩、生活事件的应急处理等各方面都得不到很好地照顾，极易受到社会上不良分子的引诱和利用，对于他们的社会性发展极为不利。

三、社会原因

（一）社会舆论负面评价较多

离异家庭在西方社会很普遍。在美国，离异家庭儿童占全国儿童人数的25%，在德国，1200万15岁以下儿童中，有250万生活在离异家庭中；在英国，1/3的儿童生活在离异家庭。由于这些国家离异家庭数目庞大，整个社会对离异家庭具有很大的宽容度，所以离异家庭与完整家庭没什么两样。

但是，在有些国家和地区，大众对离异家庭仍然多持有负面印象或歧视态度。由于我国是一个社会关系稳定、家庭结构较封闭的社会，离异家庭的出现，必然动摇了传统的家庭价值观念，很难得到大多数人的宽容和理解。有些人对此无法完全接受。如有人认为：从严格意义上说，离婚家庭不能称之为"家庭"，因为它与社会学对家庭的定义格格不入，只能称之为"破碎的、不完整的、有缺陷的、有问题的家庭"。还有人指出，这种家庭的存在，可能是受"性自由""性解放"思潮影响的结果，而这种思潮和倾向，不利于维护社会的两性稳定和平衡，也会败坏社会风气，对法律秩序和社会稳定产生破坏作用。在如此强大的社会道德和舆论的压力下，父母的离异使家庭在社会中的威信下降了，给离异家庭子女带来了极大的心理压力。他们为父母的离异而感到羞愧，抬不起头来。在挫折面前，有的孩子心理适应状态严重失衡，起初表现出失措与不安，继之便出现泄气，不能在受挫折后奋起直上，而是破罐破摔，放任自己，导致心理健康危机。

与此同时，他们还要受到同学、伙伴的嘲笑、欺负和歧视，不容易融入周围环境，倍受屈辱和孤独，心理上和精神上承受双重打击。很多离异家庭子女不再像完整家庭的孩子那样无忧无虑，他们在教师、亲友和邻居交往时，不得不考虑，解决一些同龄孩子根本不会遇到的问题。由于离异家庭子女背着这么沉重的包袱，心理适应状态严重失衡，极易产生各种心理疾病，影响身心健康发展。

大众传媒引领着社会舆论，在社会生活中对经济、政治、文化起举足轻重的作用。如果作用发挥得好，将对社会、人类文明起积极的推动作用；反之，则起消极的作用。然而我们的传媒在这方面做得不够到位，在宣传帮助离异家庭的力度上明显不足。

（二）法律保障制度的缺位

诸多西方国家等地区已经将对离异家庭的扶持制度化和法律化，而且社区服务理念和服务机制已经日趋成熟。而我国在这一方面才刚刚起步。例如，有关父亲或母亲的探望权的法律规定不是很合理，因为其没有从有利于离异家庭子女的心理健康角度来考虑，这无疑对离异家庭子女的身心健康的全面发展造成不良影响。例如，有的父亲或母亲借口工作繁忙等原因，而不去行使探望权；由于缺乏必要的父爱或母爱或其他亲属的爱护而变得孤独、自卑的离异家庭子女在心理需求方面更需要亲人、学校及社会的关怀、爱护，然而至今仍缺乏倾斜性关怀和照顾的相关法规出台；抚养费数额不足或不按时给付直接造成离异家庭的反贫现象，从而加重整个离异家庭经济负担（尤其是母亲抚养子女的这一方），最终给离异家庭子女带来一定的心理困扰。因此，这一问题也是值得我们深思和进行探讨的课题。

（三）社会关心力度不够

由于离异家庭缺乏社会、道德、法律的支持，得不到绝大部分社会成员认同，所以离异家庭的出现，就意味着它是社会中的一个弱势群体，得不到社会的关心、支持，特别是在经济不发达地区。而且目前离异家庭所面临的诸多问题与巨大困难，单靠政府的资助、自身的努力，是不可能解决的。再加上我国正处于发展期，政府无论在财力方面，还是在物力、人力等方面，都难以完全顾及日益增多的离异家庭的需求，导致社会救助不及时。此外，现实社会福利服务的对象主要以传统家庭为中心，无意关心离异家庭，特别是离异家庭中的母亲。因此，离异家庭常常会在经济贫困、精神压抑、子女成长不利的情况下自我挣扎。社会关心不到位，相应的政策、措施较缺乏，实质性地帮助较少。

四、学校原因

（一）教师给予的关爱不够

对于离异家庭中的学生来说，离异家庭子女需要教师投入的关心和爱护要比其他学生多。苏霍姆林斯基曾经说过："人类有许多高尚品格是人性的顶峰，那就是一个人的自尊心。"自尊心是每个人都有的。自尊心是一种由自我评价所引起的自爱、自我尊重，而且希望得到他人、集体和社会尊重的情感。有些学生在父母离异后，更渴望得到别人（同学、朋友及教师等）的尊重。他们竭尽全力地努力保持自己在班集体或同龄群体中的应有地位，然而父母离异的阴影常常会使这些孩子的自卑感掩盖了自尊心，毕竟，他们所失去的父（母）爱使他们感到失落、孤独与无助，有时也很无奈，感觉到别人在轻视自己。因此，教师应对这类孩子的自尊心及时予以保护。但往往事与愿违，一方面，从小学到初中及高中，教师所面临的升学压力使得教师的教育重心倾斜了，他们片面强调升学率，从而降低对学生心理需求的关注度，因此造成教师无暇对离异家庭孩子给予更多的帮助。另一方面，教师对孩子的心理健康状况的了解不够。在调研过程中发现，很多学校都没有对离异家庭子女的心理健康情况进行登记造册，使得教师对于学生的心理状况了解不够深入，有的教师甚至不知道自己班级里有多少属于这种情况的学生。此外，教师的教育态度和教学态度对他们的心理健康的状况有重大影响，诸如教师的心理惯性会给离异家庭子女带来较大的负面心理压力。

（二）教师的教育态度和教育方式的异化

学校是以师生关系为主轴而构成的社会群体。在学校中，对学生影响最重要的就是师生之间的互相关系。而师生关系的建立与教师的教育态度和教育方式是密切联系的。

教师的教育态度和教育方式，对学生的社会化的实现有明显的影响。尤其是低年级的学生，对教师较为亲近，信任教师胜过自己的父母，认为教师所说的绝对正确，他们把教师的思想和行为方式、待人接物的态度作为自己学习的榜样，处处效仿。因此，教师不仅影响着学生的智力、感情、意志品质的发展，也影响着他们的个性，特别是性格的形成。但对离异家庭子女而言，由于遭到周围学生歧视，在学校中，他们对教师的态度比一般人更为敏感，因而，教师的教育态度和教育方式，对他们心理的发展在某种程度上说有更大的影响。所以，我们需要教师要有良好的教育态度和科学的教育方式。然而，在对离异家庭子女教育的过程中，教师往往表现出与对完整家庭子女教育截然不同的教育态度和教育方式。由于方式不当，往往伤害了学生，同时也给自己的教育带来了麻烦。其主要表现在以下方面。

1. 教育态度的极端性

（1）不热情不关心，无动于衷

有些教师认为离异家庭学生无异常表现，与其他完整家庭学生没什么区别，不需多加照应，更谈不上有区别的对待，或自己想关心，由于工作太忙，没时间和精力，只好作罢。有调查显示，对于离异家庭学生全校教师对他们虽然感到很同情，但是只有很少教师重视、关心他们，更多的教师根本就没有思考过这些问题。而那些未被关心的离异家庭学生有的常常表现出成绩差、性格两极化、行为习惯差，而有的学生则表现出早熟、沉默寡言、心理问题严重等。

（2）歧视与厌恶

有些教师坚持认为，家长是只顾个人不管孩子，是将孩子当"包袱"交给学校，自己对孩子漠不关心，这样的情绪难免会影响学生，一些被完整家庭的孩子及父母视作正常的事，放在离异家庭孩子及父母身上便成了不正常的事，且遭到非议。最典型的就是有些教师在未调查分析的情况下，往往先入为主地认为离异家庭的孩子就是问题孩子。所以，有意无意地对这些孩子另眼相看，甚至歧视、厌恶、嫌弃他们，当众羞辱或用刻薄语言教训他们，如有的班主任把学生学业欠佳的责任归咎于父母离婚，在家长会上武断地下结论说："成绩不好的学生都是离异家庭的。"令家长和学生都抬不起头；也有的教师在课堂上让父母离婚的学生都站起来"示众"，使他们的家庭隐私公开化。一些父母离异而寄宿亲属家的借读者，由于纪律、成绩较差，班主任让其留级以甩"包袱"，有的学校还勒令学生退学，不让借读。凡是在学校里受到过师生讥笑、羞辱、嘲弄的父母离异的学生，其心灵受到极大伤害，往往容易出现自暴自弃、厌学逃学等不良行为。

（3）过分关心与保护

有些教师因同情、可怜离异家庭儿童，在学校过分关心、保护他们。由于离异家庭儿童对教师、同学及周围人的目光、态度和行为特别敏感、紧张甚至有的特别反感。所以，教师的这种不良的暗示，事实上也会有意无意地造成这些孩子的离群与孤独。

2. 教育方式的不恰当性

教师不同的教育态度必将影响其对离异家庭子女的教育方式。目前学校教师对离异家庭的教育方式存在着许多问题，而这些问题将直接或间接地导致儿童心理问题的不健康发展，值得我们引起高度重视并认真思考和研究。

有些教师对离异家庭儿童的出现从来就没有做过认真调查和思考，当面对如此多问题学生时，就不知所措了。虽然想关心，想给他们更多的爱，但不知正确方法，要么过分关怀、保护；要么放任自流，纵容他们，从不批评惩罚；要么学生一出错，就严厉批评，让同学监督和控制其一言一行，限制其自由。可见，学校教师的教育方式和管理方法总是极端化。这些都会严重影响儿童心理的健康发展。

（三）教师与家长的联系不够密切

教师对学生具体情况的掌握不够详细，更有甚者教师与家长的联系不紧密。如教师对离异家庭的家访不多。对于离异家庭子女来说，家访显得更为重要。家访是教师与家长相互联系的纽带，是教师能更深切地了解离异家庭子女所处的生活环境及其心理健康状况。一些教师处理离异家庭子女出现的问题行为时，只依赖于孩子在学校的表现与自己主观的想法，来做出评价，其结果无疑是片面的。家访是教师了解学生，对学生进行教育的重要环节，目前，教师在这方面的精力和思想的投入是较少的。同时，学校也没有建立相应的家庭学校合作的组织机构，加强家庭与学校之间互相了解、交流与沟通。这样不仅是教师很难与家长沟通、交流，家长们也不知如何参与学校教育活动，对自己的子女进行教育、管理。于是，必将导致家长和教师都对学生缺乏认识与了解，其教育方式必将出现异端，严重影响孩子的心灵。

（四）不良的同伴关系的消极影响

在学校中，同伴关系对离异家庭学生的身心影响也是不容忽略的。而离异家庭学生在与其他同学交往过程中往往表现出心理不相容、互相猜疑、人情冷淡、关系紧张等问题，难以甚至不可能结成同伴关系。这对离异家庭儿童社会化的进程的影响是负面的、消极的。造成这样结果的原因主要有两方面：一方面主要由于家庭变故，离异家庭学生常常会在与同学相处中表现出消极的情绪和性格特征，使同学误认为与之难以相处，更难以深交，因而日后在感情上也就与之疏远；另一方面主要是由于同学的偏狭的心理，即对离异家庭学生极易受传统观念或他人意见的影响而滋生偏见，特别是在有些教师的误导下，班上同学对离异家庭学生采取讥笑、羞辱或嘲笑等歧视性行为。因此，离异家庭学生的同伴关系就得不到正常的发展，很难与其他同学正常交往，要么自我封闭，一直孤僻下去，要么采取攻击性行为报复同学或教师，其结果最终形成一个恶性循环，使得正常、健康的同伴关系的恢复希望变得渺茫。这对我们的学校教育而言又是一个严峻的挑战，一个不容忽视的问题。

第三节　离异家庭儿童心理适应能力的提升对策

离异家庭儿童心理健康问题产生的原因是多方面的，想要提升离异家庭儿童心理适应的能力，要从多方面来考虑。第一，从家庭角度来说，首先考虑父母的因素，其次考虑离异家庭子女的因素，最后探讨如何增进亲子关系与和谐家庭氛围；第二，从学校角度来说，主要采取措施应当有：创建心理辅导站、加强学校与家庭沟通合作、定期组织学生参加社会实践活动等；第三，从社会角度来讨论。主要包括以下几个方面：规范传媒宣传行为、完善法律保障制度、建立社会保障机制、建立社区服务机制。只有将家庭、学校及社会三方面结合起来考虑，才能在离异家庭儿童心理健康培育上取得较好的成效。

一、家庭对策

离异家庭中，家庭因素是造成未成年子女心理障碍的主要原因，而父母的养育方式又对子女心理健康起着至关重要的作用。班杜拉曾指出：一个人的行为的获得是对他人的行为、态度和各种反应的模仿与认同，就像孩子常常模仿父亲及母亲的行为、语言等。这就说明，一个人在其漫长的成长过程中，所生活的环境对于其自身行为、心理等方面的影响起着极其重要的作用。在家庭中，父母是孩子的第一任教师。由此可见，父母对子女的影响作用非常巨大。尤其是父母的教养方式不仅仅对子女的人格发展起着非常重要的作用，而且对子女的社会性发展起推动作用。

（一）提升父母教养的效能

父母养育方式与儿童心理发展有密切的关系，提升父母教养的效能主要取决于父母所具备的心理素质、教育责任感、教育知识和子女的特征、行为等方面。

1. 从父母角度

（1）调整心态，消除不良情绪

离异家庭事实形成后，离异家庭中家长应尽快从失败的婚姻痛苦中解脱出来，尽快调整好自己的不良情绪，勇敢面对今后的生活，努力为孩子创造愉快、轻松的家庭气氛，营造健康、和谐、积极向上的人际交往环境。同时，将自己的感情处理方式、方法及过程与孩子的感情处理严格区分开来，树立坚强和乐观的人生态度去积极影响子女。家长不要将自己的痛苦和抑郁情绪在孩子面前表现出来，而要持积极、乐观的态度，并表现出坚强、对生活有信念的正面情绪。在与子女进行交流时不要用刺激性的语言，避免给孩子内心增加更大的压力。

父母应当帮助子女正确面对现实。离异家庭中，子女是无辜的，他们无权选择自己的父母，但父母双方做出决定后，子女必须得接受这个现实，然而，接受则需要一个过程。因此，家长应针对该阶段子女的心理特点，来帮助他们克服被拒绝感、羞耻感及失落感。

父母要帮助子女在社会性发展方面走上良性循环的发展轨道。社会性发展主要体现在良好的人际关系上，具体体现为亲子关系和同伴关系。首先，家长应主动调动所有社会资源，让孩子与双方亲戚保持经常性往来；其次，家长要学会赏识欣赏，鼓励孩子的动机和言行，鼓励孩子走出家门，充满信心重建自己的社交圈，支持孩子带同学、朋友到家里聚会。

（2）具有教育责任感

我国法律明文规定，抚养教育子女是家长应尽的义务和责任。在离异家庭中，夫妻离异后，任何一方都有义务养育子女成人。而且从道义上讲，家长抚养教育子女也是责无旁贷的。家庭教育的质量不仅关系着子女的前途和未来，而且关系着整个国家的国民素质，因此离异家庭的家长在家庭教育方面必须具有强烈的历史责任感和使命感。

家庭环境是子女成长的主要环境，也是使子女进行良性社会性发展的源头。众所周知，家长是子女的第一任教师。在孩子社会化过程中，最初的、最直接的模仿对象就是父母。因此，家长的言行举止直接影响孩子人格的形成及良性发展，从而影响家庭教育的质量。

（3）具备一定的教育知识

教育知识是教育孩子的前提。父母掌握必要的教育在离异家庭中的作用显得尤为重要。家庭的教育误区：家庭教育仅仅是具有辅导孩子学习的功能。而且，家长们往往只注重结果，而不注重过程。在离异家庭中，家长对子女的心理素质、心理健康水平、生活能力、交往能力等常常予以忽视，甚至知之甚少。家长缺乏常识性的教育知识，不仅不利于对子女的个性特征的把握，也不利于子女正确人生观、价值观的形成，不利于子女的全面发展。因此，家长必须掌握能够了解孩子个性所需的心理学、教育学及社会学等方面的知识，对这些知识的掌握是十分必要的，也是十分重要的。

（4）掌握适当的教育方式

教育是一项长期而艰巨的工程。亲子关系的好坏取决于沟通的质量（沟通的有效性等)。而亲子沟通以具有亲和力的语言、表情、态度和举止等具体表现来影响及消除孩子在感觉、情绪、认知上的心理障碍,从而可以逐渐消除孩子的各种负性情绪和消极行为。这样,可以促使孩子在心理、情感、性格特征等方面全面和谐的发展。

在离异家庭中,作为非监护人的一方也要努力帮助孩子健康成长。研究表明,孩子与非监护人交往频繁可以促进孩子的健康成长;孩子与非监护人保持频繁交往会使孩子减轻因父母离婚而导致的失落感。

2. 从离异家庭子女角度

在离异家庭中,离异家庭子女经过心理危机后,应持积极心态,努力解决自身的心理不适、心理失衡引起的一系列不良情绪、自我认知水平低及心理健康问题,尽可能在最短的时间内能勇敢地面对现实、接受现实、争取自己的未来。离异家庭子女的情绪情感经历分为愤怒与痛苦阶段、盲目乐观阶段、流动与出走阶段、终日忙碌阶段、获得新生阶段六个阶段。但经历这六个阶段的顺序却因人而异。从离异家庭子女心理健康角度,离异家庭子女能够平稳度过情绪、情感波动期已迫在眉睫。

离异家庭子女与同学建立良好的友谊是最有效的方法。也就是说,良好的友谊可以促进离异家庭子女建立良好的社会性发展。青春期孩子的社会交往主要体现在他们与同龄伙伴的交往,也是一种在交往过程中发展和建立起来的人际关系。因为同伴之间的社会交往及共同的游戏活动要求所有的伙伴共同遵守游戏规则,共同承担责任,共同齐心协力完成任务,这就要求伙伴们要善于团结协作,善于体谅他人,善于助人为乐,在交往中增强社会责任感。尤其是处于逆境中,良好的人际关系更为重要,它可以增强孩子的适应能力及应变能力。在离异家庭中,对于离异家庭子女同伴交往则起着非常重要的作用。因为如果被同伴接纳,就意味着得到同伴的认可、赞同。从而,在心理上得到满足,有利于孩子的社会性发展及良好人格的培养。

尤其是上小学后的孩子,他们的归属感已从父母转向同伴,他们更需要伙伴的支持、赞许和友谊,这样,才能从社会交往中获得安全感和精神寄托。因此,在外界的帮助下,单亲家庭子女应积极正确地悦纳自己,在伙伴交往中重新树立自己的形象。

围绕家庭转型而出现的问题最根本的解决方式适用于家庭成员间自我调适,而在家庭这个环境中,即使是孩子表现出了问题行为,但由于客观上家长在家庭关系中大多处于控制和主导地位,因此,家长的主导作用是不容忽视的,家长应主动承担起应有的义务和责任。即做出改变必须要从家长自身做起。因为孩子的适应不良往往直接或间接反映了家长的适应不良或者有问题的亲子关系模式。

（二）加强亲子沟通

家庭成员之间正常、有效的沟通可以拉近家庭成员之间的距离，是表达情感，增进了解的重要手段和工具，更是维持心理平衡的重要因素。而加强与子女的沟通交流是讲究方式方法的。在刚解除婚姻关系时，家庭中每个成员都有一个适应过程，因此，在与子女沟通时，切记不能将自己的忧郁、怨恨、不满、焦虑等消极情绪流露出来，尤其是随着时间的推移，家长由于自己的认识不足，对子女的教育方式主要有自暴自弃型、听之任之型、期望值过高型、急于求成型等，这些教育方式都不利于家长与子女的有效沟通。在进行家庭访谈过程中，家长们要么对交流沟通的认识知之甚少，漠不关心，与孩子谈话不知从何说起；要么从思想上完全不重视与子女的交流，导致孩子与家长无话可谈。同时，由于家长的高期望值，特别看中孩子的学习成绩，其他的一概不管不问，如果考试成绩不理想，家长就采用教训式口吻，粗声粗气，恶语相加；有的家长急功近利，急于求成，当孩子的言谈举止，尤其是学习成绩使其不满意，想到什么就说什么，长篇大论。因此，在与孩子进行交流时，家长可以从以下几方面做起。

首先，要保持良好的心情，因为良好的情绪是人们顺利进行交流的基础和前提。没有良好的心情，任何建议和意见都是徒劳的、苍白的。

其次，要从孩子感兴趣的话题谈起，多听取孩子对事情的看法和见解，即便是孩子的看法有些偏差，也要持鼓励的态度，这样为家长与孩子进一步沟通交流奠定了基础。

再次，肯定交流过程中不使用结论性语言，涉及对他人评价的话题时不用贬低性语言，要有包容一切人和事的胸襟去影响和引导孩子。此外，除了言语沟通外，还要以肢体语言加以配合，包括家长的眼神、表情及肢体。从表面上看，离异家庭结构不完整，但我们相信，如果在和谐的家庭氛围中进行亲子沟通，那么离异家庭的亲子关系不会比完整家庭逊色。

最后，营造和谐的家庭氛围。和谐的家庭氛围与亲子沟通的关系密不可分。有研究表明：在支持的家庭环境中，父母与子女能开放，有耐心地、顺利地探讨问题。而在反对、压制的家庭环境中，父母与子女持回避态度，常常发生相互抱怨。父母教育水平对亲子沟通的直接影响较小，主要是家庭结构对亲子沟通的影响。西方学者们研究了家庭结构、文化背景对亲子沟通的影响，离异家庭子女与父母沟通要比与同伴沟通更困难。因此，建立良好的亲子关系，营造和谐的家庭氛围对离异家庭来说，显得更为重要。

家庭是社会的重要组成部分，也是孩子接受教育的第一所学校，而家长则是孩子的第一任教师。家长要意识到自己和孩子之间首先要建立一种平等的朋友关系，这其中包含两层含义。第一，平等。家长和孩子先要保持人格上的平等关系。在家长的脑海里，时刻要认为孩子首先是一个有思想的人，需要家长的尊重和理解，并且需要家长认可他对事物的看法和观点。尤其是离异家庭的孩子就更需要家长走进他们的内心世界。尤其是外界给予他们的刺激和他们自身对自己的评价、态度和看法。如果外界尤其是家长先对他们的个性特征、观点看法及外在行为予以否定性评价（不耐烦、反对、压制等态度），那么他们便会产生一定的心理压力（自我感觉差、不自信、自我能力的怀疑等）；如果家长对他们持肯定性评价（支持、鼓励、欣赏、赞许等态度），就会使孩子建立自信心，并使他们开始悦纳自己、欣赏自己，从而，为其良性的社会性发展奠定了基础。这就要求家长们重新认识自己、审视自己。第二，家长与子女之间的朋友关系的建立。有了平等的关系是建立朋友关系的基础。但朋友关系的建立还需要家长与子女的良性互动，尤其是家长，要积极主动地与子女进行交流和沟通，随时倾听他们的想法，对他们的行为予以包含和理解，从而获得子女的信任，使子女愿意与自己交朋友，愿意将自己的想法表达出来。这样，不仅有助于建立良好的朋友关系，还有助于家长对子女思想动态的把握，从而及时地引导他们健康发展。

二、学校对策

（一）创建心理辅导站

学校创建心理辅导站对保障学生的心理健康、提高学生的心理素质具有一定的重要性和必要性，尤其是针对离异家庭子女显得尤为重要。正如《中共中央关于进一步加强和改进学校德育工作的若干意见》中明确指出："通过各种方式对不同年龄层次的学生进行心理健康教育和指导，帮助学生提高心理素质、健全人格。"

1. 培养一批专业心理辅导员

在学校，心理辅导站虽然已经建立起来了，但存在一些问题，最主要的是心理辅导咨询员的专业素质及素养不够，有的心理辅导员并没有接受相应心理学课程的系统学习，没有经过专业的心理咨询方法的培训，甚至有的学校并没有配备心理辅导员，这样势必影响到保障学生心理健康的咨询效果。而且，对于离异家庭子女心理健康的培育更缺乏针对性。因此，学校可以从以下几方面做起：首先，培养一批具备专业素质的心理辅导咨询员是当务之急。这就需要学校拨出一定的经费，要让培训的教师走进课堂和实验室，进行专业知识的学习和专业技能的培训。其次，学校要不断地为心理辅导咨询员提供进一步深造的经费和机会。

针对离异家庭子女心理健康问题不可能千篇一律，而且针对这些问题的解答也不可能一劳永逸。因此，一个真正合格的心理咨询辅导员不仅需要一个长时间的专业知识经验的积累和总结，更需要不断地深造和继续探索。只有经过积累，才能更全面、更专业、与时俱进地掌握专业知识，从而才能更好地提高业务水平。

2. 建立离异家庭学生档案

教师了解和掌握离异家庭子女心理健康水平、心理特征及心理问题的状况是进行心理辅导的前提。因此，学校建立离异家庭子女心理档案，可以使心理辅导员能准确而快速地了解离异家庭子女心理健康问题及他们的个性特征，以便使心理辅导员对学生进行有针对性的心理辅导。具体而言，学校建立离异家庭的学生档案，应在新生刚入学时，针对每个学生（尤其是特别关注离异家庭子女）进行资料的收集和整理，这样既快速、有效地掌握学生的第一手资料，又可以避免某些学生的敏感心理带来的不必要麻烦。学校建立心理档案的具体内容可包括：人口学资料、个人成长史资料、个人及家族健康（包括生理、心理及社会适应）史资料；社会交往（包括与亲戚、朋友、同学及邻里的关系）状况；近期生活中的遭遇或重大生活事件；目前生活及学习状况等。心理辅导员可以通过上述的具体内容，根据学生不同心理所呈现的不同外在表现，从而进行有针对性的、全面地把握和分析，为下一步的咨询做好准备工作。

3. 建立"心理辅导热线"及网络辅导

心理咨询员可以通过电话咨询针对学生当前的心理健康状况及其思想动态给予真诚的理解与情感支持。针对离异家庭中所出现的父母情感问题，心理咨询员可以说服学生保持平和的心态来对待（即尊重父母的选择）；心理咨询员要对他们的能力持肯定的态度；引导他们疏导不良情绪和宣泄消极情绪的办法。

近年来，网络辅导已逐渐走进校园。心理咨询员能更好地利用校园网络对学生进行心理辅导，这也是心理辅导的新途径。网络沟通可以称之为当前发展最迅速的沟通交流方式。因此，心理咨询员可以在匿名的状态下辅导学生，尤其是针对胆小、羞愧、恐惧心理较强的学生，这样学生可以毫无顾忌的将内心想法在心理安全的状态下尽情地宣泄出来，尽可能全部表达自我内心感受。心理咨询员可以解决一些学生轻度的心理健康问题。因为，网络辅导"虽然不能面对面，但可以心贴心"。这样，可以使网络辅导更具有亲和力和影响力。尽管网络辅导的效果比不上咨询室面对面的交谈那么深刻，但它对学生心理不适的了解和调适有着极为独特的效果，弥补了传统的心理辅导的不足。

4. 个别心理辅导和团体心理辅导相结合

近年来，中外学者们对心理辅导做出诸多精辟的阐述。罗杰斯指出："辅导是一个过程,其间辅导者与当事人的关系给予后者一种安全感,使其可以从容开放自己,甚至可以正视自己过去曾否定的经验,然后把那些经验融于已经转变了的自己,做出统合。"学者吴武典认为:"辅导是一种助人的历程或方法,由辅导人员根据某种信念,提供某种经验,以协助学生自我了解与充分发展。在教育体系中,它是一种思想(信念),是一种情操(精神),也是一种行动(服务)。"香港中文大学林孟平博士也曾做出如下界定:"辅导是一个过程,在这个过程中,一位受过专业训练的辅导员,致力于当事人建立一种具有治疗功能的关系,来协助对方认识自己,接纳自己,进而欣赏自己,以致可以克服成长的障碍,充分发挥个人的潜能,使人生有统合以及丰富的发展,迈向自我实现。"可以看出,这些定义着重于不同的侧面。从近期的角度讲,辅导是帮助他人自助,而从长远的角度讲,辅导是促进全人类的发展,也就是说被辅导人利用那些在辅导中学会的克服困难和解决困难的方法、经验和原则,全面地认识自我、悦纳自我和发展自我。

在日常生活中,人们总是不能够针对心理辅导与思想政治教育的差别进行有效区分。很大一部分人认为心理辅导一定会对人的价值观及道德观产生某种影响。其实并非如此。德育要求学生达到"君子"境界,心理辅导要求学生达到"凡人"的境界。这种解释真正地将辅导与其他概念区别开来,并且加深了对心理辅导概念的理解。

个别辅导是开展最早的心理辅导形式,也是学校心理辅导活动的主要形式,其侧重点是补救式目标。家庭结构的变化对于子女来说,由于涉及子女内心深处的痛苦,因此他们不情愿或害怕与旁人轻率提及。因此,对于还没有摆脱心理压力、心理不适的他们来说,心理咨询员所采用的个别辅导的方式是比较合适的。这种方式也有利于尊重离异单亲家庭学生的人格,真正地帮助他们摆脱目前所处的心理困惑和阴影,从而使这些学生重新树立信念,重新鼓起生活的勇气。

团体心理辅导是始于20世纪90年代,团体辅导适用于有共同发展课题或有共同心理困扰的人。团体辅导重在团员之间的互动,实践性强,形式灵活,生动有趣。拓展训练已经成为团体辅导的一种主要形式。拓展训练通过各种各样的体育活动,开发人的潜能,增强人与人之间的信任感。多数离异家庭的学生具有某些共同性或同质性的心理问题,因此,在团体心理辅导中,对于心理咨询员来说,更有利于了解和掌握他们的心理动态;对于被辅导者来说,由于相似的经历,更容易得到彼此的心理支持、心理理解及相互鼓励,从而增强各自的抵抗挫折的能力;除此之外,相似的处境更能促进他们彼此之间进行情感的交流,更容易分担彼此的感受,并且在体会的过程中去帮助其他的学生走出困境。这样,不仅使得团体辅导具有治疗性,而且也赋予团体辅导新的内涵,从而提高了心理辅导的效率。

因此，心理健康教育不仅有治疗心理不健康的作用，而且还有预防心理疾病的作用，其最终的目的就是要促进学生的全面健康发展。

（二）家校合作，加强沟通

家庭教育与学校思想教育相结合的教育机制是学校教育的丰富和发展。构建家庭、学校教育的和谐互动机制需要以未成年人为中心，建立家校协调作用的教育支持系统。家庭与学校教育互动机制的主要目的是改善校园内教育和校园外教育失调的状态，确保学校内外教育的相互协调性和一致性，切实提高学校教育的有效性。

这种家庭教育与学校教育的互动机制的内容主要包括：及时有效的沟通机制、共同教育与管理的协商机制、定期的双向交流机制等。家庭与学校教育互动机制的维度是多维的。家庭教育与学校教育相互合作，鼓励教师与家长积极地沟通，丰富和完善学校对家庭教育指导活动的内容。

1. 从教师的角度

首先，教师应真正地对离异家庭的孩子进行规范及有效的家访。家访是经常性的，也是最能体现教师主动联系家长的渠道和途径，是学校教育和家庭教育衔接的最佳方法。从而有利于及时了解学生的各种情况（包括学生的情绪、情感、兴趣、爱好及个性特征等），为教师采取有针对性的措施提供了便利条件。教师通过家访，不仅可以更好地与家长交换意见，交流看法和见解，还可以增进教师与家长的理解和信任，从而促使家长承担作为父母应尽的义务和责任，使家长明白，无论婚姻处于何种状态，都应对孩子的成长负责，不能将自己的不幸强加给孩子。其次，学校应定期召开离异家庭学生的家长会。家长会可以说是教师与家长进行沟通的另一种方式，从另一个侧面增强了学校教育对家庭教育的指导效果。家长会不仅使家长们充分了解子女在学校的实际情况，同时通过家长之间的讨论和提议不仅可以起到取长补短的效果，而且还可以使家长们能彼此学习到关于家庭教育知识的功效。由于每个班级的离异家庭的情况不同，可以在学校大会议室里将家长们召集起来，和各班班主任一起根据学生在校和家里的表现，共同探讨学校和家庭对离异家庭子女的教育方式、教育方法及教育成效。这不仅可以调动家长参加家长会的积极性，还有利于离异家庭教育与学校教育的互相沟通、协调与合作。

2. 从家长的角度

对于离异家庭来说，家校合作显得尤为重要。家长应持积极态度，大力支持学校行为，密切和学校保持紧密的联系。离异家庭家长不仅要重视家庭教育对子女的影响，而且还要重视家校合作对其子女的教育培养。这种培养不仅包括学习习惯的培养，更重要的是子女走向身心成熟的培养。这就要求家长对学校管理学生提出合理化建议，具体参与学校的某些管理事务。尤其针对离异家庭子女的心理、认识、行为以及个性的特殊性向学校提出合理化建议和意见。

正是由于离异家庭学生的特殊的家庭结构及个体身心发展的特点决定了家庭教育与学校教育合作的必要性。对于家庭教育来说，学校必须充分发挥其指导和支持的作用。这样既可以弥补离异家庭在教育功能上的缺憾和不足，又可以与学校教育相互密切配合，最终形成可行性的、相辅相成的教育合力。

（三）定期组织学生参加社会实践及关爱游戏

1. 定期组织学生参加社会实践

定期组织学生参加社会实践活动，对于正处于青春期的孩子来说，更需要尽早地走向社会，了解校园外某些人群的生活及学习状况。从而可以促使学生开阔视野和丰富知识。对于离异家庭子女来说，参与这种社会实践活动意义重大。首先，帮助这些孩子积极地走出家庭，踏入社会这所大学校，不仅促使他们以平和心态待人处事，还使他们学会人与人相处是互相彼此之间需要关爱的，使他们了解"自己"在整个社会结构中的位置和作用。例如，学校组织学生做义工，去慰问敬老院的老人们。其次，帮助他们近早从家庭结构的变化给他们带来的心理困扰和心理阴影中解脱出来。学生积极参与社会实践活动促使他们拓宽思路并改变原来的偏颇认识，即让孩子接受"大我"，放弃"小我"。从而，渐渐地培养他们要用宽阔的胸怀去包容一切。最后，帮助他们树立起对生活的信心和勇气。从对老人的关心和帮助的活动中，不仅可以培养他们的自信心，而且还可以激发他们对社会和家庭的责任感和使命感。因此，有意义的社会实践活动不仅改变人的生活及生活态度，而且还改变人的思维模式和思想，使人内心发生具有决定意义和革命性的转折和变革，从而，促使人的社会性发展走上良性轨道。

2. 适时组织学生参加关爱游戏

在学校中组织学生参加关爱游戏活动，不仅有利于消除同学之间的陌生感，增进同学之间的友谊，还有利于从游戏中学习和体会人生真谛。教师有针对性的设计、编排游戏活动，同时全班所有同学及学生家长共同配合，对于离异家庭子女来说，参与这样的游戏活动意义重大。所谓"小游戏"蕴含"大道理"。

例如，在操场上，教师组织学生参加"拖后腿"的游戏。具体做法：让四个身材、体质相差无几的同学手拉手，背对背站着，其他同学在外围围成个大圈，然后，教师让这四个同学同时向四个方向一起用力跑。其结果可想而知，四个同学都没达到目标，并让学生自己回答为什么达不到目标。在我们组织的实际游戏中，学生的答案虽然没有一个是结论性的，但从中他们是经过思考后说的，有的说"他们四个人中没有强者"，有的说"他们没往一个方向跑"等，但这都与结论性答案相差不远了，这样可以从中得到不同的答案。在我们生活的世界中，每个人的条件是相当的，如果人们要实现双赢，就必须相互尊重、相互帮助、相互配合、相互关心。这样，从有限的空间和时间里，才能获得更大收益。在一个班级里，只有相互尊重、彼此关爱，才能真正促使每个人享受大家庭的关爱并且要有一颗包容的心。这样，对于离异家庭子女来说，不仅感受集体的温暖，而且还可以为其他同学及班集体做贡献。

教师还可以组织学生和家长参加"家庭角色塑造"的练习。尤其教师要邀请离异家庭家长进行参与，扮演各种家庭（尤其是家庭气氛不够融洽）角色，活动结束后教师让扮演者及在座的旁观者谈谈感受和体会。这样，不仅可以使他们学到如何建立良好的亲子关系，而且还可以使他们学到如何从对方的角度来思考问题。

总之，学校组织学生积极参加社会实践及关爱游戏活动，对于离异家庭来说必不可少。学校组织学生参加活动不仅有利于促进学生的良性社会性发展，而且更有利于促进学生对人生的思考。

三、社会对策

（一）规范传媒宣传行为

随着社会发展，在人们头脑中一直存在的旧式传统陋习，渐渐地演变成为当代的一种社会观念或社会意识，使得人们常常把离异家庭看成"另类"或"偏态"。与此同时，大众传媒也将有关于离异家庭的报道夸张或夸大成为"破碎家庭""残缺家庭""问题儿童""异常教育"等贬损性的词语，并且加以过多的不适合的渲染，这样，更加深了人们对离异家庭的偏见看法。这种消极影响和消极作用加大了离异家庭家长及其子女的社会适应和心理适应的难度。

如要想从根本上改变传媒这种负面评价及其所带来的负面影响，就必须从以下方面入手。首先，从报纸、杂志等刊物彻底改变负面性或刺激性文字等词汇用语，应更多使用客观性语言。其次，在传媒做出评价时，媒体应对家庭变故及其带来的影响要做客观地评价；要以更平和的、中性的态度看待和尊重多元文化背景下的家庭结构所发生的变化和人们对其生活方式的选择；正确引导社会公众对离婚家庭持客观、公正评价的态度，以改变社会大众对离婚家庭的世俗偏见，并加大宣传力度。最后，要为离异家庭提供人文关怀，并赋予其良好的生存和发展的人文环境。因为，有些离异家庭成员往往无法立刻接受离异家庭这一事实，他们内心已将其视之为人生失败或人生悲剧，并且需要一段时间来宣泄各种不良或负性情绪。但从长远看，对于离异家庭，离异本身就标志着父母双方新生活的开始，这样，离异家庭子女才有可能获得新家庭成员的爱抚与关怀。毫无疑问，大众传媒客观性引导和评价对于离异家庭成员心理上的安慰和精神创伤的修复具有重大意义。

（二）完善离异家庭子女的保护性法律制度

在西方国家，由于离异家庭子女数量的增多，国家和政府及全社会都给予高度重视，有很多保障离异家庭子女合法权益的法律、法规相继出台，主要有《宪法》《婚姻法》《教育法》和其他专门为儿童制定的法律。但大多数国家将这些保障制度主要规定在《婚姻法》中，尤其体现在有未成年子女的夫妇和没有未成年子女的夫妇的离婚手续上。英、美国家对离婚进行严格限制，如果法官对有关孩子的监护、教育、抚养的协定不满意时，有权进行调查。东欧各国为了保护未成年子女的利益，不承认协议离婚。在法国，虽然允许协议离婚，但是，如果法官认为离婚协议没有充分保障子女的利益时，有权判决不予离婚。在瑞典，只要有未成年子女，父母在离婚前，必须分居半年，以降低离婚率。在日本，法院为了保护未成年子女的切身利益，也对离婚进行了严格的控制。此外，国外还在其他的法律中，对未成年子女的保护做出了规定。例如，德国的《教育法》、法国的《教育指导法》、日本的《教育基本法》都对离异家庭子女的教育权做出了规定。

而我国的《宪法》《教育法》《婚姻法》对离异家庭子女的保护未做出特别的规定。虽然《婚姻法》规定离婚的标准是双方感情确已破裂，但这一模糊的不具有可操作性的规定在实践中并没有有效的控制离婚率，以保障未成年子女的切身利益。再如，《婚姻法》第二十一条规定：父母对子女有抚养教育的义务；父母不履行抚养义务时，未成年的或不能独立生活的子女，有要求父母付给抚养费的权利。《婚姻法》第三十六条规定：父母与子女的关系，不因父母离婚而消除。离婚后，子女无论由父或母直接抚养，仍是父母双方的子女。离婚后，父母对于子女仍有抚养和教育的权利和义务。《婚姻法》第三十七条规定：离婚后，一方抚养子女，另一方应承担必要的生活费和教育费的一部分或全部，负担费用的多少和期限的长短，由双方协议；协议不成时，由人民法院判决。虽然这些法律条文明文规定保障离异家庭儿童的权利，为离异家庭儿童获得法律的保护，提供有利的法律依据，但事实上在执行过程中存在某些难度。现行立法在对离异家庭子女的保护问题上，缺乏人文关怀。此外，我国还没有制定针对离异家庭中母亲的专门法律或政策，对于离异而造成的离异家庭反贫现象的相关可操作性的政策也是空白的。所以，我国亟待完善相关法律，以保护离异家庭子女的合法权益。

（三）建立有关救助离异家庭的社会保障机制

在国外，许多发达国家通过建立完善的社会保障体系来保护离异家庭子女的利益。世界上大多数的国家和地区建立了家属津贴福利制度。欧美及俄罗斯规定离异家庭子女可以领取儿童津贴；离异家庭子女享有优先获得住房权；离异母亲可免费接受职业培训教育。在美国，政府以现金来支助离异家庭，一般而言，当离异家庭的收入低于1000美元或离异家庭父亲或母亲每月雇佣劳动少于100小时，就可以享受政府提供的资助。在法国，离异家庭的社会福利支出同样很快；在欧盟其他国家，都有对离异家庭的社会补贴制度。

然而，在我国社会保障制度还很不完善，有关离异家庭子女的社会保障制度完全可以说是一片空白。随着我国近年来经济水平的日益提高，我们也可以通过逐渐完善社会保障制度来保护离异家庭子女的利益。

第五章　流动家庭父母教养与儿童心理发展

第一节　流动儿童心理适应过程分析

20世纪80年代以来，伴随着城市化进程的加快，越来越多的农村剩余劳动力涌入城市，逐渐形成大规模的人口流动，并随之产生了大量的流动儿童。从人口流动的发展趋势来分析，随着我国城市化进程的加快，农村剩余劳动力向城市转移是一个必然的结果。有研究表明，近年来转移至城市的流动人口中，有近1/3的人带有"移民"性质，他们在城市居住的时间超过5年，并且没有返还家乡的意向。而且随着就业和工作的日趋稳定，他们也越来越多地倾向于将子女带到城市居住和学习。这表明，流动人口家庭化是近年来人口流动的一个突出现象，我国的人口流动模式逐渐由独立个体流动向家庭整体迁移转变。因此，流动儿童的教育问题就成为近些年社会各界关注的焦点。

随着各级领导、政府、学术界和媒体等对流动儿童教育问题的逐步重视，流动儿童的受教育状况得到了一定程度的改善，教育部及各省区都相继出台了有关解决流动儿童教育问题的政策，并提出了"由迁入地政府负责，以公立学校为主"的方针，随着以"推进教育公平，促进教育均衡发展"为核心的新修订的《义务教育法》的实施，应该说解决流动儿童教育问题的政策体系已经逐步得到完善。但是，流动儿童与城市相融合的过程却不是一帆风顺的，在这个过程中，流动儿童因受到来自城市主流社会的种种阻力，而被边缘化，成为城市的弃儿，造成流动儿童心理发展的不平衡，影响了流动儿童社会化的发展。

一、流动儿童心理适应问题

（一）流动儿童概念

流动儿童指6～14周岁（或7～15周岁），随父母或其他监护人在流入地暂时居住半年以上有学习能力的儿童少年。因为教学过程的连续性和稳定性以及教育管理的方便,时间是衡量指标之一,流动时间相对较长,一般为一学期(半年)以上。户籍是否变动是判断流动人口的又一项重要指标,因为从法律上讲,我国少年儿童享受义务教育的权利是与他们的户籍紧密联系的,政府提供义务教育的责任也是与辖区人口的户籍联系在一起的。《世界全民教育宣言》明确指出,每个人都应获得平等的受教育的机会。流动儿童是城市中的特殊群体,也是社会的成员,理应受到平等的对待。

(二)心理适应

"适应"一词起源于生物学,指的是生物为了生存必须做适度的改变以符合客观的环境。后来心理学家皮亚杰借用此概念,把适应视为人类应付各项内外在环境要求及压力,以期与环境达成平衡。"适应"和"社会化"关系密切,都是指个体在发展过程中和环境相互作用的过程。

其中,适应侧重于个体心理发展,是指个人通过不断调整身心状态,在现实生活环境中维持一种良好而有效的生存状态的过程。而"社会化"则偏重于其融入一定社会的功能的发展,是个体形成适应于一定社会与文化的人格,掌握该社会所公认的行为方式,习得社会角色与掌握社会道德规范的过程。

心理适应在心理学里通常是指当外部环境发生变化时,人们通过自我调节系统做出能动的反应,使自己的心理活动和行为方式更加符合环境变化和自身发展的要求,使主体与环境达到新的平衡的过程。

(三)流动儿童心理适应问题的主要表现

1.过度敏感及自卑感

被调查的流动儿童中有很多孩子表示,他们在城市里生活远没有在农村那样开心,城市的同学不愿意和他们交往,尤其是城市同学的父母不让自己的孩子与他们交往。而且与城市孩子相比,受家庭条件的限制,他们无论是在衣着打扮上,还是在学习用具、玩具上,或者在语言的表达能力上,普通话标准程度上等方面,他们都无法与城市的孩子相比,他们不愿意与城市的孩子交往或者让城市孩子知道自己的家庭情况,也不愿意在课堂上回答问题。他们觉得城市的孩子瞧不起他们,甚至觉得教师也偏袒城市的孩子。在同伴交往的过程中,流动儿童也敏感地感受到来自城市主流社会的歧视,当问及与城市孩子的交往时,有的孩子说,"一开始他们(城市儿童)还和我玩,但是我领他们到我们家里玩,他们一看我家的房子这么破,他们出来后就不和我玩了。"

流动儿童到城市以后，年龄较小的孩子因为还不能够感到自己与城市孩子的差别而没有自卑的感觉或者自卑感较弱外，随着年龄的增长，在流动儿童身上均存在不同程度的自卑感，这种自卑感使得他们无心学习，反应迟钝，情绪低落，心境忧郁。

2. 交际障碍及孤独感

在个体成长的过程中，同伴团体的影响是其社会化发展不可或缺的因素。在人际交往中那些具有相近年龄、兴趣爱好、生活经历、个性特点的人，容易自发地集合起来，结成小群体，这就是我们通常所说的同伴团体。在同伴团体中有着团体成员共同的价值观，并且也有着大家共同遵守的群体规范，这些共同的价值观和行为规范是团体成员社会化的重要参照，对个体具有较强的影响力。在团体内部儿童会在内外压力的共同作用下，主动调节自己的行为，使其与规范相一致。来自内部的原因就是个人参与团体的强烈愿望；而来自外部的压力就是当自己的行为与团体不一致时，就会感受到来自团体其他成员的压力，为了获得团体的认可，迫于团体压力而只能改变自己的行为。这就是团体的同化现象，它使得儿童的个体行为与团体行为逐步统一起来。

流动儿童在随其父母进入城市后，同伴团体也随之发生了变化，其中对其影响最大的变化就是同伴团体中的同学数量的减少。就读于公立学校的流动儿童，除了因家庭经济条件、生活经历、个性特点等原因在班级中没有可归属的同伴团体之外，教师的歧视和同学的排斥是导致他们被排除在同伴团体之外的最主要因素。这些孩子只是在自己的居住区内与那些和自己有相同背景的孩子结成孤立于城市主流文化之外的小团体。这种小团体是一种边缘化的小团体，且由于缺少必要的监督与引导，团体成员中不良的心态也会发生相互影响。团体成员也将借此逃避城市主流社会，从而对其他成员适应城市社会带来负面影响。从某种程度上说这种边缘化阻碍了流动儿童与城市儿童的交往，加剧了流动儿童的交际障碍。

流动儿童不被班级内的同伴团体所接纳，而其在与城市儿童的交往中所持态度又是消极退缩的，这些因素必然导致流动儿童内心孤独感的产生。

3. 价值偏差及反抗倾向

价值观是人出生后在社会生活实践中逐渐萌发并形成的，用来区分好坏标准并指导行为的心理倾向系统，对人的思想和行为有具体支配和调节的作用。而个体价值观一旦形成，个体会自觉或不自觉地以自己的价值观来判断事物的意义，确定自己的奋斗目标，并努力去实现。流动儿童在周围环境的潜移默化下逐步形成自身的价值观，并在和周围环境的相互作用中不断加以修正。流动儿童处于价值观形成的阶段,他们在城市的经历以及自身的感受反映了流动儿童对城市的认同程度,并将决定他们今后努力的方向。目前,城市居民对流动人口的各种歧视也直接延伸到了流动儿童身上,形成了对流动儿童的歧视问题。当流动儿童进入城市后目睹父母在城市中不但干着最苦、最脏、最累、最危险的工作,而且受到"城市人"的歧视和不公正待遇的时候,也会产生被歧视感和被剥夺感,从而对城市乃至社会产生敌视态度。同时对那些流动儿童而言,他们从小在城市就感受到了在入学受教育上的歧视,一方面打工子弟学校条件非常差、办学经费、师资困难;而另一方面他们进入城市学校又遭遇重重阻碍,这些在他们幼小的心灵上势必会留下深刻的印象。他们的父辈们将自己现在的生活状况与自己过去在农村老家的生活相比,或许有满足感;但是,流动儿童会更多地将自己现在的生活状况和遭遇与城市里的同龄儿童相比,从而产生被歧视感和孤独感。因此,对流动人口及其子女的歧视,必将引发流动儿童强烈的抵触情绪,进而影响社会的安定与和谐发展。

美国耶鲁大学著名的社会心理学家多拉德提出了"挫折—侵犯"理论,他认为人的侵犯行为是因为个体遭受挫折而引起的。当人们遭受歧视或者产生强烈的被剥夺感的时候,最直接的心理反应就是逆反与不满。在对流动儿童进行调查的过程中,当问及"城市市民给你留下的最深印象是什么?"这一问题时,很多的孩子表现出对城市人极大的不满甚至是愤恨。他们中有的人认为:市民是靠着收他们的房租来生活,相反却瞧不起他们;农民工同样为城市的建设做出了贡献,城市的人为什么还对农民工抱着敌视和排斥的态度?同样是九年义务教育权利的享受者,为什么他们在城市上学就要交纳很高的借读费、插班费等各种费用。

一方面,流动儿童的父母在城市中辛勤的劳作只是换来微薄的收入和较低的社会地位,收入上与城市市民的巨大差别催生了他们产生强烈的被剥夺感;另一方面,长期以来生活在城市中的市民,占据着天然的社会资源和竞争优势,形成身份优势意识,并把这种意识内化为一种城市的市民性格。这一切不只会让流动儿童父母产生很大的逆反和不满心理,对于流动儿童而言,他们在城市中的生活经历,使得他们更加能够体会到父母在城市中生活的艰辛,也更能够体会到他们与城市人之间的差别,现实生活的不平等也使得他们更加容易产生逆反与不满的心理,容易形成对城市市民的敌视情绪,不利于社会的和谐进步。

4.学习动机缺失

学习动机是直接推动学生进行学习的一种内驱力,是激励和指引学生进行学习的一种内部需要。学习动机有内部动机与外部动机之分,内部动机是指人们对学习本身的兴趣所引起的动机,动机的满足在活动之内,不在活动之外,它不需要外界的诱因、惩罚来使行动指向目标，因为行动本身就是一种动力。外部动机顾名思义由外部诱因所引起的动机，指人们由外部诱因所引起的动机的满足不在活动之内，而在活动之外，而是对学习所带来的结果感兴趣。内部动机更能为学生的学习带来持久的动力，提供强大的保障。流动儿童的学习动机主要表现在外部动机上，他们较少表现出对学习本身的喜爱，认为学习的目的就是多挣钱。而且伴随着流动儿童在城市求学过程中遇到的困境和学业上的障碍，在流动儿童中还凸显出学习动机缺失的外在表现。

由于流动儿童在家乡所使用的教材与进入城市后就读的学校使用的教材不同，教学内容往往衔接不上；由于师资等原因，农村学校的教学质量无法与城市学校相比，使得他们跟不上城市学校课程的进度和难度；同时，流动儿童经常随着父母流动，有的甚至没有固定住所，学校很难对他们进行管理，这同时也造成了他们对学校管理的不适应；再加上流动儿童的家长整日忙于工作，没有时间和精力照顾孩子。上述原因造成流动儿童没有养成良好的学习习惯，也没有掌握有效的学习方法，因此，目前在城市公立学校就读的流动儿童在学习上存在着很大的困难和障碍。除此以外，在城市中，流动儿童在信息的掌握方式和掌握程度上都处于弱势地位，流动儿童家中几乎都没有计算机，他们所拥有的学习资料和课外书籍也较少。掌握信息量少、获取信息技能差，加之学业不良，使得流动儿童在学校受到来自教师冷落和同学的排斥，从而导致流动儿童的自卑和厌学心理，最终表现出学习动机的缺失。

二、流动儿童心理适应问题的分析

（一）流动人口的管理体制因素

我国现行的行政体制与法律制度在对待流动儿童问题上存在着漏洞，虽然流动儿童的教育权利受到法律的保护，但由于教育政策的模糊性以及缺乏针对性和可操作性，使得地方政府在规范对流动儿童教育和管理方面无从着手，甚至受地区利益的驱使，有些流入地政府因顾及本市发展的当前利益，不太重视流动儿童的教育问题。我国《义务教育法》规定：义务教育事业，在国务院的领导下，实行地方负责，分级管理。而户籍是享受义务教育的主要依据，实施义务教育所需事业经费和基本建设投资主要通过地方政府财政进行配置，地方政府是筹集经费、设置学校的主要部门。而流动儿童具有明显的居住地和户籍所在地分离的特点，与义务教育管理体制和义务教育资源配置方式产生矛盾和碰撞。一方面，流出地政府虽然对其户籍所在地的适龄儿童接受义务教育负有完全责任，但跨地域的流动使流出地政府不便对这些流出本地的适龄儿童的就学情况进行管理和监督；另一方面，当外来儿童随父母流动时，并没有也不可能将户籍所在地应对其投入的教育经费带到流出地，流入地政府在法律上也不承担经费等主要责任。这样，两地政府在对待流动儿童的教育问题上均处于一片"无责任"的境地，也就是说由于社会转型及变迁所带来的流动儿童的义务教育问题依旧有待完善。

（二）社会因素

流动儿童的成长背景与城市文化之间存在显著差异，城市与乡村生活环境的截然不同，造成城乡文化的巨大差别。在农村，仍然保持着一种较为封闭的状态，自古沿袭下来的传统依然被人们理所当然地接受并执行着，人际关系密切、简单，人们对血缘关系和地缘关系非常重视，家族观念根深蒂固，而个体的独立意识较弱，也较少追求个性的充分发展，对新生事物不易接受。相比较而言，城市则是一个较为开放的大环境，现代化的气息更为浓郁一些，人们的交际面很广，人际关系较为复杂，而人与人之间的感情则较为淡漠，个体的独立意识较强，非常注重自我的充分发展，敢于标新立异。

城乡文化的巨大差异同样影响着流动儿童的心理健康。当流动儿童置身于城市这个全新的社会环境之中时，城市主流文化与流动儿童所熟悉的乡村文化之间的不同，必然会在流动儿童心理上产生巨大的反差。因此，流动儿童也必然要经历一个文化适应的过程。在他们眼中，城市儿童的穿着打扮、学习用具、交际活动、生活方式、消费观念与消费方式等，都让他们感到新鲜和无可比拟，这些都会使他们的内心产生巨大落差。同时，在城市主要由家庭经济条件决定的社会分层是早已存在的，而在农村尤其是贫困、闭塞的边远地区，大家都过着几乎相同的生活，对比并不明显，这也使得流动儿童在进入城市社会时产生较为明显的心理不适。

社会分层导致社会出现对流动儿童的歧视。由经济条件决定的社会分层在城市是早已存在的，而在农村则并没有太明显的表现。在农村，几乎大家都过着大致相同的生活，处于基本相当的生活水平上。而在城市，不同的经济条件使得不同阶层的人，在交际对象、交往方式、生活环境、生活方式、消费水平等各方面都表现出差异性，各阶层间有着无形的隔阂。走进城市的流动儿童，其家庭的经济条件和社会地位决定了他们社会交往的对象只能是限定在与其相同的同龄人上，基本处于城市社会的底层，再加上，交往方式、语言沟通等生活习惯等方面的差异，使得流动儿童更难走入城市主流社会的生活圈中。流动儿童在城市处处碰壁，因为他们不规范的普通话、不讲究的衣着打扮，而遭受城市社会的冷遇。

社会氛围，就是整个社会的文化风气，道德准则，行为准则，它是人与人，人与事之间形成的一个环境氛围。社会氛围影响着国家的发展和民族的昌盛，同时，也影响着每个个体的健康全面发展。一位教师曾对流动家庭子女所处的社会氛围进行评价："现在的社会氛围还可以，但是并不是每个方面都可以，尤其是在对待外来务工子女方面，比如，有些外来务工人员子女所在的社区环境氛围比较差，经常出现某些当地的家庭都不愿意与外来务工人员的家庭当邻居，而且也不愿意与他们进行沟通与交流。这些都需要进一步地去构建完善。"

社会氛围在潜移默化地影响着外来务工人员子女的身心发展，不良的社会氛围势必影响着外来务工人员子女的学校适应状况，这也是造成外来务工人员子女在学校适应水平上显著低于本地学生的原因之一。

（三）流动儿童的家庭因素

1. 流动儿童家庭的基本情况

据城市流动儿童调查报告显示：90%的流动家庭租用住房；2.65%的流动家庭借房；在本市已购房的流动家庭仅占8.35%；75.3%的儿童没有自己的房间，与大人同住。没有独立厕所和厨房的家庭分别占到42.5%和36.7%；拥有计算机的家庭只有8.6%，远远低于城市户籍家庭；92%的流动儿童没有上网时间和工具，而28.1%的城市儿童每天至少上网一小时，流动儿童接触计算机和网络的时间，远远低于城市儿童。在孩子上学的问题上，流动儿童家长最大的烦恼依次是：费用太高、孩子户口不在本市影响升学、学校的教学条件师资力量不理想。

流动儿童父母在城市大多数从事体力劳动性职业，一些还没有工作。总体上看，他们的家庭经济收入水平较低。其中，家庭月收入在4000元以下的占调查总体的46.1%。从家庭人均月收入看，大多数家庭在1500元以下，其中，人均月收入在1000元以下的占调查总体的20%。从文化程度看，流动儿童父母的文化程度为小学及以下的有10.8%，初中文化程度的为55.6%，高中文化程度的为15.6%，大专及以上学历的占18%，文化程度普遍偏低；从家庭的完整性看，单亲家庭占总体的35%，再婚家庭占总体的13%。从家庭类型来看，大多数为核心家庭。统计数据还显示，流动儿童中有一部分出生在城市，一直生活在城市，只是由于父母没有城市户口，才被划入这一边缘人群。

2. 家庭教育目的不明确，父母与孩子之间缺少交流与沟通

根据对流动人口中的妇女和儿童的生活情况的调查显示：经常带孩子到公园等娱乐场所玩的流动妇女只有24.9%；从来没有带孩子到公园等娱乐场所玩的流动妇女占总数的29.5%；因为经济原因，没有参加过学校或社会办的课外兴趣班、培训班的孩子占64.5%，偶尔参加的只有33.5%。

家长与孩子交流情况：每天交流的占10%；经常交流的占10%；不常交流的占80%。孩子和家长谈心：10%的孩子主动说；40%是家长问了才说；另有50%的家长不知道孩子在想什么。对孩子的无理要求：20%的家长表示有时会满足；80%的家长表示从不满足。家长向孩子的许诺：10%的家长表示一定兑现；90%的家长表示，在特殊情况下无法兑现时向孩子进行认真的解释。教育孩子最管用的方法：给孩子讲道理的占20%；打骂孩子的占80%。流动儿童的家长不重视对孩子学习的辅导，并且在孩子的教育投资方面明显投入不够。对孩子的辅导：10%的家长经常辅导，20%的家长有时辅导，70%的家长表示不辅导。孩子做作业时：10%的家长会在一旁陪伴，20%的家长自己做家务，30%的家长看书、看电视，在外工作的有40%。孩子做作业的时间：在1小时以内的占30%，2小时以内的占40%，3小时以内的占30%。家庭里订阅报刊：1份都没有的占90%，有1份报刊的占10%。家里的课外书籍：80%的家庭里课外书籍在30本以下；20%的家庭里有30本；家长学习知识：非常感兴趣，常看书的占10%；有时看书的占10%；不看书学习的占80%。

（四）流动儿童的自身因素

1. 自信心不足，自尊程度有待提高

自信心对个体的智力、体力、处事能力等方面上都起着推动作用，它就像人的能力催化剂，会将人的潜能都激发出来，并可以达到最佳状态。但是，缺乏自信心的人，在各种能力发展上的主动积极性也会缺乏，而主动积极性的作用很重要，尤其是对刺激个体的各项感官及其综合能力的发挥。流动家庭子女的自信程度影响着他们的同学交际能力、常规适应的能力、学习技能的能力等方面。

自尊是一个人对自我价值的判断，是对自我的认可程度，也是自我人格特质的一个重要内容。大量的研究结果证明了，青少年的自尊与学校适应之间有着密切的关系。自尊与流动家庭子女的学校适应的各个维度之间都存在着正向相关。流动家庭子女的自尊如果显著高于本地学生的自尊，就会有利于提高学校适应水平。但是，流动家庭子女的自尊如果低于本地学生的自尊，就会使得流动家庭子女适应水平与本地学生相比显著偏低。

2. 自我适应能力不强，自我调节能力较差

大多数流动家庭子女，在自我适应能力方面较差，他们在迁入地学校面临着很多的困难，有33.88%的学生是学习跟不上，有10.57%的学生认为自己与同学之间的关系不好，7.59%的学生觉得自己的家庭问题是自己面对的困难之一，

5.42%的学生觉得自己面对的很多困难是语言不适应。还有其他的困难，比如有的学生不太爱说话，还有对自己学习没有信心，有的认为这里的竞争问题让他们难以适应，如生活不适应、交通不方便、无法融入班集体等。这些都显示了，流动家庭子女在进入一个新的环境后，自己解决问题的能力较低，自我适应的能力不高。

自我调节是个体调节反应性的过程。其中，努力控制在个体的自我调节中起到重要性的作用，包含两个方面，即情绪调节和行为调节，且后者与情绪有关。

有研究表明，自我调节能力对儿童的生活、学习、社交、人格等方面有直接的影响。另外，对于学业成就不好的学生来说，要促进学业成绩的提高，不仅仅要重视教学内容，更要注重自身的情绪和行为的调节，而且后者起到的效果远大于前者。

儿童的自我调节能力与家庭有着很大的关系，比如父母的言行会影响儿童的行为和情绪。有研究显示，父母的消极教养方式会对孩子的情绪和行为的调节造成负面影响，不利于孩子的自我调节。如果流动家庭子女中父母采用拒绝教养方式和过度保护的教养方式，就会使流动家庭子女的自我调节能力下降。同时，父母的受教育程度也会影响儿童的自我调节能力。由于大多数的流动家庭父母的文化水平不高，导致严重影响着其子女的情绪与行为的调节。流动家庭子女正处于身心发展阶段，还不够成熟，所以自我调节能力相对较差。这些方面都会使得流动家庭子女学校适应水平显著低于本地学生的学校适应水平。

另外，流动儿童身上存在着一些不良生活习惯及行为规范未到位现象，如坐姿、握笔、个人卫生等。关于这个问题，在对城市儿童及其家长进行调查中发现，凡是表示"不喜欢"流动儿童的孩子及成人，在被问及"不喜欢的原因"时，无一例外都提到以下理由：不讲卫生、说脏话、学习差、打架等。

流动儿童自身存在的问题行为较多。其心理问题往往表现为综合性问题，当多种因素发生作用时，情况就更为复杂和严重。除人际交往问题之外，比较典型的问题还有学习成绩差、旷课、偷窃等。据统计，因学业不良而留级、退学、结业的学生中，存在经济困难问题的学生比例明显偏高。其他经常无故旷课、离家出走、走上偷窃等违法道路的情况也时有发生。

对新生事物的格外关注是我们普遍的心理反应，对于城市社会来说，流动人口、流动儿童正是容易引起人们关注的新生事物，流动儿童行为的偏失就更容易被放大。而发生在流动人口与流动儿童身上的犯罪案例，也无形中助长了城市社会对他们的歧视与排斥。

（五）学校因素

1. 师生交流、同伴关系的影响

在学校里，教师担任的不仅仅是教育者的角色，还有引导者和监护人的角色。所以，教师对学生的影响在某种程度上是非常重要的。教师与流动家庭子女的交流情况，主要包括在课堂上的提问情况和课后教师对他们的关心程度。

教师对流动家庭子女课堂提问次数越少，越不利于流动子女的适应性。有调查显示：教师从不提问和偶尔提问的分别占流动家庭子女总体的3.97%和61.79%，这个较大比例情况严重影响着这部分学生的学校适应。流动家庭子女得到教师的关心程度只在自我接纳适应这个维度上没有显著差异，这些适应性水平在很关心、比较关心、有些关心、从不关心上的趋势是依次递减的。这说明流动学生得到教师的关心程度越少，越不利于流动家庭子女的学校适应性。

流动家庭子女正处于身心发展的重要阶段，也正处于人际关系的认知和技能的形成阶段，早年形成的信念及人际交往技能对他们的发展有着重要的影响。儿童同伴处在同年龄阶段，有共同的发展任务，会遇到共同的危机和困难，交流和沟通可以给他们带来归属感、安全感和力量。在他们面临不同的事件时，良好的人际关系可以提供不同的支持、安慰、帮助和信息，有效避免抑郁情绪的产生和恶化。相反，不良的同伴关系会给他们带来很多负面影响，而且也不利于他们的学校适应以及社会适应。如果流动家庭子女认为自己有同伴相处问题，就会导致流动家庭子女的学校适应水平比本地学生的适应水平低。

2. 学习成绩、学校满意度的影响

学习成绩在某种程度上，体现了学生在学校的课业适应情况。流动家庭子女的学习成绩是影响其学校适应的因素之一，有1/3流动家庭子女认为自己学习不适应，这就影响他们的学习成绩的提高，从而影响了学校适应水平的提升。

另外，学生对所在学校满意度主要包括学生对目前学校的各项规章制度、各种物资设备、生活和学习环境、教师对学生的学习安排、教师的工作内容及方式、学校的食堂宿舍的管理等各项工作的满意程度。这在某种程度上，体现了学生是否适应这个学校。流动家庭子女在对学校满意度上，在学校适应、常规适应、课业适应、自我接纳适应、同学关系适应、师生关系适应上都有极其显著的差异。这些适应性水平的得分在非常满意、比较满意、比较不满意、非常不满意上的趋势是依次降低的。这说明流动家庭子女对目前的学校满意度越差，就越不利于他们的学校适应。有5%的流动家庭子女对所在学校是非常不满意的，有10%的流动家庭子女对所在学校是比较不满意的。这样的不满意状况也会使得这部分学生的学校适应性水平显著低于本地学生的学校适应水平。

第二节 流动家庭子女教育与儿童心理发展

随着流动人口家庭化速度的加快,流动家庭子女教育问题研究开始日益受到人们的关注和重视。在流动家庭子女教育问题上,学校教育、家庭教育和社会教育是一个整体。如何把三种教育有机结合,促进流动家庭子女和家庭整体素质的提高,是我们必须也应该给予关注和研究的一个重大课题。从社会学的角度来看,家庭教育在流动家庭子女教育中无疑是最为关键和基础的。这不仅仅是因为在人口流动中家庭取代个体成员而成为流动家庭子女教育问题的发轫,还因为家庭是流动人口子女城市化的初始环境,提供了子女进入城市后的社会化基础条件。研究流动家庭子女的教育问题,有助于我们进一步发现和探索流动人口家庭化现象的规律,加深其认识;进而揭示出流动家庭在家庭结构、功能和家庭关系及家庭伦理等方面的变化和规律。以子女家庭教育为中心展开的流动家庭化研究有助于进一步揭示流动人口的规律和趋势,以进一步加强流动人口管理。

一、流动家庭子女教育的状况

随着社会人口流动大规模地进行,以家庭形式进入城市的流动人口越来越多。作为流动人口家庭化的一个主要动因,流动人口子女教育日益受到人们的重视和关注。在流动人口子女教育中,家庭教育无疑是最为关键和基础的,面临着巨大的压力和挑战,逐渐成为一个重大的社会问题。

(一)就读方式

1. 流入地农民工子弟学校

流动家庭子女多数在农民工子弟学校就读,所谓农民工子弟学校,又称为外来务工人员子弟学校,是以接纳流动家庭子女为主的学校,然而这些学校大多数都坐落于城市郊区的工厂附近,以便流动家庭子女或农民工子女上学。这类学校的优点通常是收费较低,使流动家庭不会有太沉重的负担,同时学校离住处较近,便于学生上学,此外此类学校在入学和转学上无须办理太多的手续,给流动家庭带来了极大的方便,而且这种学校一般都是农民工子女或流动家庭子女,大家虽然来自不同地方,但却拥有着相同的身份、社会地位和经济水平。因此,在这里流动家庭子女不会受到太多的歧视,但此类学校的缺点是:教学质量、师资水平以及教学设施都远不及城市公立学校,这也是增大流动家庭子女与城市学生间知识水平的一个重要因素。

2. 地方民办学校

地方民办学校也就是地方私立学校，相对于农民工子弟学校而言，这样的学校通常收费较高，因此能进入这种学校就读的流动家庭子女相对较少，除非是在从事个体经营或拥有私人小企业的流动家庭，由于他们经济收入较高，因此才能让其子女在此就读，才能负担得起高昂的费用，至于一般流动家庭则不会选择此类学校。这类学校的优点是：教学质量相对较高，而且教师本着对每个学生负责的态度，特别注重学生的学习成绩，但换言之，流动家庭子女，由于其本身学习基础较差，他们也未必适合在此类学校进行高强度的学习和生活。

3. 地方公办学校

地方公办中小学，顾名思义，就是由本市政府财政拨款而创办的学校，自2008年以来，开始实行以流入地和以公办学校为主的方案，来招收流动家庭子女，并将对此群体的义务教育纳入全市的社会发展的计划与教育工作的规划中。在学校公用经费和设备经费及对教师编制方面都提供了支持，与此同时，制定了相关规定，严禁对流动家庭子女乱收费，确保收费合理化和标准化，此外政府还给予流动家庭子女经费补贴来确保这一群体的利益。公办学校的优势在于经济能力较强，校园设施较为齐全，教学设备和师资力量都较为雄厚，这也是目前大多数流动家庭为其子女选择的一类学校。但是这类学校的缺点是：由于本地学生和流动家庭子女的基数较大，学校的教育资源不能满足这些人的需求，因此常常出现限定人数的情况，此外在进入这样的公立学校之前，流动家庭需按校方规定办理各种烦琐的手续，因此，目前仍有许多流动家庭子女不能就读于此类学校。

（二）就学条件

当流动家庭子女选择在本地公办学校里读书时，既要满足国家义务教育的规定，还需符合《教育局关于进一步规范外来务工人员子女入学管理意见的通知》。其中具体要求如下：首先，流动家庭子女在入学时其父母需携带暂住证，所在工作单位签署的劳动合同及所在单位有效营业执照的复印件，若是从事私人经营，则需出示工商管理部门所颁发的有效营业执照。其次，居住在较为固定的地方（自己买房有房产证或租房），居住时长在一年以上，由所在社区的管理部门提供有效证明，如果流动家庭满足以上条款便可在当地的教育局联系其子女的就学问题。最后，所需办理以下申请材料，在当地就业的劳动合同和养老保险缴纳证明或营业执照，暂住证（一年以上）原件，放弃在户籍所在地的义务教育证明及监护人户口和租房合同或房产证。如果申请人能提供以上的证件及证明，那么即可为其子女办理在公办学校上学，若是所提供的材料不齐全，则不予受理，因此，还是有相当一部分流动家庭子女被拒之于公办学校的大门之外，不得不寻求其他类型的学校就读。

（三）思想品德教育的现状

目前流动家庭子女的思想品德教育中主要缺乏政府专项资金的支持，致使这一群体难以享受到更多的资源，同时政府对流动家庭子女思想品德教育的相关法律法规还不够完善，比如政府应细化对于这一群体思想品德教育的相关法律法规，重视他们的思想品德教育。从学校方面来看，在学校思想品德教育中缺乏人文关怀，因为思想品德教育必然要重视学生的主体性，而目前学校的思想品德教育在很多方面忽视了学生的主体性要求，未能给予学生更多的人文关怀。此外学校教育"重智育而轻德育"，尤其是一些农民工子弟学校，由于是自主办学，注重学校利益，而思想品德的培养是一个相当漫长的过程，因此很多学校不愿将教育资源投入费力、费钱、费时的思想品德教育中。加之学校办学条件的限制，使学校难以建立相对严格、统一、完整且持续的学籍档案，难以随时掌握流动家庭子女的个人动向和信息，这就影响到流动家庭子女思想品德教育的持续性发展。同时由于近年来大量流动家庭子女流入城市，致使学校教育资源严重不足，有些农民工子弟学校为了节省教育经费便不专门聘用思想政治教育专业的教师，而以其他教师兼顾这一职，由此缺乏专业性和科学性，严重影响到流动家庭子女思想品德教育的提高。从社会大的方面看，社会上一些不良社会风气的影响，使部分流动家庭子女价值观受到影响，比如崇尚金钱、贪图享乐、自私自利等思想与学校思想品德教育相悖。从家庭方面看，流动家庭子女思想品德教育中缺乏家庭的经济投入，一方面由于家长们整天忙于生计，受经济条件的制约，从而对其子女思想品德教育方面的投入不足；另一方面由于流动家庭家长的思想品德教育观念落后及思想品德教育能力欠缺、教育方式不当，使流动家庭子女的思想品德教育低下甚至出现偏差。

（四）在校表现

除去所受义务教育质量差别的影响，流动家庭子女在成绩、综合素质、人际关系和心理健康方面与同一所学校的城市学生相比也有差距。流动家庭子女对于课堂知识的消化吸收能力较差，课后作业的完成情况不好，在语文、数学、外语这些主要课程上表现不如城市学生，成绩也较城市学生低。在教育公平理论中包含了教育结果公平这一含义，即在接受过同样的教育后，学生们在各方面的表现应大致相同，但是从成绩上来看，流动家庭子女和城市学生有着不小的差距，这就违反了教育公平的原则，背离了我国设立九年义务教育制度的初衷。

除学习成绩外，在综合素质方面流动家庭子女也低于城镇学生。首先体现在知识面上，流动家庭子女的眼界没有城市学生开阔，课外知识的储备远低于城市学生，这样不仅间接影响了语文、数学、外语等主要课程的学习，还造成了流动家庭子女在自然、品德、社会等副科课上的接受能力差，成绩较低。其次流动家庭子女很少参加课外活动，在音乐、美术、体育等课程中表现没有城市学生活跃，身体素质也弱于城市学生。这些都容易造成流动家庭子女的自卑心理，导致流动家庭子女形成孤僻、内向的性格，影响其未来的发展。

另外，流动家庭子女在人际关系处理上也弱于城市学生，根据统计，城市学生平均拥有4.3个关系较近的同龄朋友，平均每周跟同龄朋友外出活动次数超过两次的占比为56%；流动家庭子女平均拥有2.6个关系较近的同龄朋友，平均每周跟同龄朋友外出活动次数超过两次的占比为24%。另外通过访问教师也了解到学生间存在群体分化现象，即城市学生更倾向于跟城市学生一起活动，流动家庭子女更倾向于跟流动家庭子女一起活动，而且流动家庭子女在课间表现更为孤僻，还出现过极个别的流动家庭子女被学生孤立的现象。

研究者通过向教师了解学生在校的表现，可以发现流动家庭子女的心理健康问题不容轻视，主要表现在流动家庭子女性格普遍内向，上课时发言不积极，在面对问题时不够自信，跟教师和同学交流互动较少等方面。数据统计也显示，流动家庭子女中认为跟教师或同学相处的不融洽，上学时不开心的比例比城市学生更高。学生的学习成绩、综合素质、人际关系和心理健康是互相影响和作用的，如果处理不好这四个问题，学生就会对学校产生厌恶情绪，造成升学难、易失学等问题，所以政府、学校和教师有义务引导和教育好学生，使义务教育达到应有的效果。

（五）升学状况

目前我国实行的是九年义务教育制度，一般来说，结束了九年义务教育后，学生的年龄在15周岁，属于未成年阶段。学生要完成学校到社会的过渡，而且初中学历目前明显不满足社会上的用人要求，所以无论是用人单位还是学生自身都迫切要求义务教育之后要有合适的后续教育，使学生继续深造，成为合格的人才。

我国在义务教育的后续阶段主要有两种教育形式：一是职业中等专业学校，继而升入高职或高专；二是考入高中，从而进入本科继续深造或进入高职高专。综合而言，义务教育结束后主要有职业教育和本科教育两个发展方向。

现阶段我国流动家庭子女在接受义务教育期间辍学率显著降低，但辍学现象仍然存在。在接受过义务教育后，流动家庭子女不再继续接受教育而去打工的比例较高，相当于变相失学，且在不接受后续教育或接受过简单职业教育的情况下去工作属于较低级的劳动力，从事的也多是体力劳动，待遇也很低。这样对于流动家庭子女自身发展是不利的，而且对我国的经济发展、社会稳定和劳动力升级也有影响。

二、流动儿童的心理发展

（一）流动儿童对自己心理健康的态度

流动儿童对于自己心理健康的态度能够反映他们对自我的认知程度，对于自我认知进行剖析是非常必要的，可以获得流动儿童对心理健康的好恶、关注与否等信息，同时还可以直观地了解流动儿童对自己心理健康水平的预期。流动儿童对于自我心理健康的评价与城市儿童自我评价差异相对较小，大多数流动儿童认为自己的心理健康水平较高，但是应注意到相比城市儿童仍有相当数量的流动儿童表示没有考虑过自己究竟处于何种心理健康水平。在对心理健康定位的层面，流动儿童对于心理健康在生活中所扮演的角色较模糊，对心理健康的关注度明显低于城市儿童。

（二）流动儿童对学校心理健康工作的态度

流动儿童对于心理咨询室的态度主要为"不确定"和"不愿意"；而城市儿童的态度主要是"不确定"和"愿意"。我们可以这样认为，虽然两类儿童对于求助学校心理咨询室持观望态度，但城市儿童相比流动儿童有更多人愿意借助心理咨询室来化解自己的困惑。在对于学校心理健康工作功能进行评价时，超过一半的流动儿童不清楚学校心理健康工作作用所在，而城市儿童则认为学校心理健康工作对自己最大的作用就是促进师生关系和谐发展。

流动儿童对于学校心理健康工作的满意度较高，但对于学校心理健康工作的功能仍不明晰，对于心理咨询室的使用意愿不高；对比之下，城市儿童对于其学校心理健康方面的工作更为熟悉，学校在心理健康方面给予他们的帮助让其真实地体验到来自学校系统的辅助功能，因此城市儿童对待学校心理健康工作的态度更为明确。

（三）流动儿童对家庭心理互动的态度

关于流动儿童对家庭心理互动的态度，主要从亲子沟通频率、亲子活动频率以及他们对家长心理沟通的态度等方面进行判断。流动儿童在城市新环境下与其家庭的关系、对其父母的关怀所持的态度等能够在一定程度上反映流动儿童的心理状态和特征。流动儿童是否接纳来自家庭的心理疏导和沟通、是否理解父母对其的教导等将影响他们在新环境下的归属感和适应能力。

由于流动儿童与其父母沟通频率低且亲子互动较少,他们在对待来自家庭心理互动的态度上表现出较为被动的特征。而城市儿童与父母的互动频率高且互动积极有效,当面对父母的沟通和教导时更愿意表达自己的不同意见,一定程度上提高了互动有效性,对于来自家庭的心理关怀较之流动儿童更为积极主动。这两类儿童对于家庭心理关怀的迥异态度反馈出的是在不同家庭背景、家庭关系下两类儿童心理健康水平的差异。

（四）流动儿童对朋辈之间心理互动的态度

流动儿童与其朋辈群体的沟通、倾诉是儿童表达心理状态的重要途径之一。流动儿童父母奔波在异乡即使将孩子带在身边却难免会忽略孩子的心理感受,这时流动儿童如果选择与朋友分享自己的心理感觉则可以减轻他们心理不适。有调查显示:在朋辈向自己求助的单向互动中,流动儿童与城市儿童均表现出愿意帮助朋辈解决心理问题的积极意向;在自己向朋辈求助的单向互动中,流动儿童表现出愿意自我调适的意向,而城市儿童则更愿意接受朋辈的帮助。所以说流动儿童对于朋辈心理互动的态度更倾向于向他人施助。

三、流动家庭子女教育问题出现的原因

引发流动家庭子女教育问题的原因有主观和客观两个方面。从主观方面来看,主要是这些学生正处于生理与心理发展的关键期,各方面的思想还未成熟,不管是对他人、对事物、还是对自己都未能形成较为成熟的评价和认知能力,同时他们的自控力较差,辨别是非的能力不强,因而很容易受外界环境影响而迷失自己。从客观方面来看,我国处在社会转型期,道德规范和价值观的不稳定性,其中信用缺失和道德失范现象屡见不鲜,进而导致了急功近利、拜金享乐、见利忘义等思想风气盛行,这些无不对未经世事的流动家庭子女的思想产生直接影响。此外网络在其高速发展和方便人们的同时带来的负面效应也在一定程度上阻碍着未成年人的发展。

（一）社会流动及城乡差异导致的心理变化

据各方面调查显示,目前我国未成年人的思想品德素质总体较好。主要表现为热爱生活、积极向上、勤于思考、有社会公德、对祖国的未来充满信心。然而也有一部分爱国情感较为淡薄、集体和社会意识及责任感较弱、对国家与集体的事情不够关注、以自我为中心、以自我利益为重点、同时崇尚西方一些国家的生活、追求时尚、追求高消费、虚荣心较强、心理承受力和抗挫能力较差、实际操作能力不强等。而流动家庭子女在参加学校集体活动时的积极性不高，自卑感和孤独感较强，极易引发心理问题。综合各类资料得出，这一群体的自卑感大体来源于以下几个方面。

其一，父母较低的社会地位和较差的职业声望，致使他们感觉低人一等。由冲突主义理论得知，当前学校教育所传授给学生的不仅只是一种能力和知识，更关键的是一种身份文化。流动家庭子女的家长多数从事体力劳动，处在社会的底层。如在公办学校里，这一群体常因社会背景与社会地位的差异而遭受城市居民子女的排斥，严重导致他们心理出现偏差。

其二，他们在物质生活条件上和城市孩子存在较大的差别，以至于让他们觉得不如别人。城市孩子通常拥有较好的物质条件，穿着讲究，学习用品高档，课外图书多，并且参加各种培训班，然而这些流动家庭子女却由于家庭经济状况差而难以拥有这些。据2016年中国青少年研究中心关于"流动家庭子女的社会融入"课题组的调查可知：在采访的流动家庭子女中，有48%认为城市青少年的生活条件优于自己，有36.6%认为城市青少年见识比自己广，有20.8%认为城市青少年文艺特长比自己多，有30.2%认为城市青少年较他们讲卫生，有29.2%认为城市青少年较自己更自信。同时在采访的城市青少年中，58.9%认为自己比流动家庭子女生活条件优越，52.6%认为比流动家庭子女更讲卫生，47.8%认为比流动家庭子女更善于交际，50.5%认为比流动家庭子女更加自信。由此可见，城市青少年与流动家庭子女存在较大的认知差异，这在一定程度上反映出两者物质生活条件上的极大差异。

其三，学前教育阶段的明显差异，致使流动家庭子女与城市子女的基础教育拉大距离，这也在一定程度上增强了他们的自卑感。目前我国公办学前教育资源较为短缺，绝大多数只限于城市居民子女，将流动家庭子女拒之门外，因而许多出生在城市的流动家庭子女只能就读于条件差、收费低的私立幼儿园，而这类幼儿园大多数不正规，硬件设施和安全设施及师资力量等都较差，因此他们难以受到良好的基础教育，同样从小生长在农村的流动家庭子女，他们更不具备这样的教育条件，学前教育几乎空白。因此在进入城市后，他们和城市孩子的差距就可想而知，他们的知识面较窄，学习成绩较差，主动性及创造性都差，同时内外环境对他们的影响，导致他们形成了焦虑、胆怯、自卑等不良情绪。

（二）跨地区、跨文化的成长经历对流动家庭子女思想的影响

流动家庭子女同父母长期生活在城市中，但却不被城市人认可，自己也不认可城市人，心中常常充满不公平的思想，他们既无处寻找自尊，同时也无处释放自卑。据心理咨询家指出，"流动家庭子女随同父母进入城市后，由于对陌生环境存在抵触意识，对过往环境的恋旧心理，特别是面对城市学生的优越意识，使他们常常存在自卑心理"。研究表明，他们虽生活在城市中，但总感觉受人歧视，低人一等，不愿与周围人接触。由于我国各地区语言及饮食习惯有很大差异，这种差异性给流动家庭子女在城市生活中带来了许多不方便，更有甚者会引起"文化冲突"。随着他们年龄的增长，其言行会和城市孩子有明显差别，同时父母的社会地位、自己无法融入城市的困惑以及自己较差的学习基础，较窄的知识面等，使他们极易产生自卑和攀比心理，也极易对社会产生不满，由此便产生了无助、自卑、精神空虚等思想和心理反应。

（三）家庭因素

家庭是青少年成长中最重要的环境，是一个人最先接触并受教化的地方，而父母则是孩子人生中的第一位教师，父母的言行举止、思想认识无不对孩子产生潜移默化的影响，因此是否具有良好的家庭教育尤其是家庭思想品德教育则成为青少年思想品德教育成败的关键。我国出台的《中共中央国务院关于进一步加强和改进未成年人思想道德建设的若干意见》中指出家庭教育对未成年人思想道德建设起着重要作用，又进一步指出，随着人员流动性加大，一些家庭放松了对子女的教育且在教育子女的观念和方法上存在一些误区，这样便对未成年人的教育造成一定的影响。

1. 家庭缺乏良好的成长环境

（1）家庭经济条件差，缺乏教育投入

处在社会转型时期的农民工，由于他们所处的边缘地位，致使他们难以在城市获取和城市居民平等的资格，如同工却不同酬、同工却不同时以及同工却不同待遇等，他们这一特殊群体大多数从事城市里最危险、最苦、最累的工作，而且有的从事的工作没有保障，随时都有被解雇的可能，更有甚者，常常被拖欠工资，面对这样的种种不公平待遇，流动家庭既要支付在城市的高昂生活费用，又要补贴家庭的生活开支。根据对流动家庭的调查得知：每月家庭总收入为1000～2000元人民币的流动家庭有30.5%，每月家庭总收入在3000～4000元人民币的比例为56.8%，这样较低的收入使他们用在子女教育上的投入严重不足，除了能勉强送子女进入收费较低的农民工子弟学校外，平时也很少为子女购买

课外图书和学习用品。根据调查得知：83.4%的流动家庭不会给孩子买课外书，93.6%的城市居民经常给孩子买各类图书。

（2）家庭环境差且不稳定

流动家庭大多数都住在城乡结合部的租赁房里，居住环境窄小、阴暗，而且常常为谋求更高的经济收入而改换工作，举家搬迁，这样便使孩子经常需要去适应新的环境，不能有较为稳定的家庭环境，势必会对孩子的成长造成一定的影响。曾经有调查发现：28.78%的流动家庭子女所住房间面积仅10～20平方米，45.92%的流动家庭子女表明他们住所附近有游戏厅、棋牌室、网吧等娱乐场所，这些无不对他们的思想品德形成产生一定的影响。俗话说家是一个人避风挡雨的最好港湾，一个稳定、完整、和睦的家庭不但能给予孩子安全感，而且也对孩子良好品德和性格的形成有着潜移默化的影响。倘若父母感情不和，甚至离异，那对孩子所带来的伤害和影响也是巨大的。情感需求是一个人成长过程中必不可少的一种需求，然而家庭情感及安全感的严重缺失极易使孩子的思想受到冲击，使其表现为沉默寡言、心情沮丧和对别人不信任等，更有甚者会使其子女出现心理疾病，因此不健全和不完整的家庭环境通常所给予子女的爱护和关怀也是不健全和不完整的，这也是家庭思想品德教育的阻力。

2. 流动家庭思想品德教育有待加强

（1）流动家庭家长思想品德教育观念出现偏差

在家庭中，家长作为家庭思想品德教育的主体，他们的思想品德观念也直接影响孩子的思想品德水平。然而目前流动家庭家长思想品德教育的偏差表现为以下几个方面。第一，将思想品德教育范围局限化。大多数流动家庭家长承认在孩子教育上只进行财力投入，对孩子缺乏思想品德方面的教育，同时还认为思想品德教育是学校教育的职责，既然已经把孩子送入学校，那么就由学校全权负责。第二，重视智育而轻视思想品德教育。由于受传统教育思想的严重影响，绝大多数家长对孩子的学习成绩尤为关注，有很多家长只一味注重孩子的文化课学习，将分数作为衡量孩子成功与否的重要标准，忽视家庭思想品德教育，即便有些家长注重思想品德教育，也只是简单地要求他们要行为端正。第三，错误观念的影响。流动家庭家长的思想品德意识和道德观念也随同社会大环境的变化而变化，部分流动家庭家长在城乡相融合的过程中，出现物欲化、功利化等思想倾向，甚至给子女灌输享乐主义、拜金主义和个人主义等错误的世界观、人生观和价值观，长此以往给其子女产生极大的负面影响，这样一来，不但使孩子在家庭思想品德教育中没有受到启发，而且也是学校及社会对这些学生进行思想品德教育的阻力。

（2）流动家庭德育养成能力欠缺

所谓家庭教育能力是指一个家庭是否具有教育孩子的主观条件，主要包括家长用于教育子女的时间，对子女教育的投入及父母自身的文化水平和教育能力等。大多数流动家庭家长文化水平偏低，有87%的人是初中或初中以下学历，因此大多只能从事较低层次的工作，有25.4%的农民工工作时长在14个小时以上，由于他们的工作时长且不固定，因而就无暇顾及子女的生活和学习及其行为习惯的养成，缺乏与学校教师的沟通和联系。他们对子女的关爱大多停留在物质生活层面上，比如有27.85%的流动家庭家长每星期给孩子50～100元零花钱，大多是家长愧于对孩子管教而进行的物质补偿；有的家长则是由于文化水平低，常常心有余而力不足，不知或根本没能力去指导孩子的学习，当孩子遇到思想问题时，更谈不上运用思想品德教育的知识去教育孩子，因而听之任之，对孩子放任自流，而恰恰是这种行为又进一步制约了流动家庭家长主动去实施家庭教育并培养孩子思想品德，长此以往使孩子的家庭思想品德教育严重欠缺。

（四）学校因素

学校不仅是培养学生知识和才能的主要阵地，也是培养学生思想品德的主要场所，对于流动家庭子女也不例外。然而应试教育的长期影响，使得思想品德教育在学校教育中的地位越来越低，也许学生只有取得高分，才能被教师和家长及同学认同。任何一个有思想品德修养的人无不从根本上认识到思想品德教育对未成年人成长的重要性和迫切性，但是很多学校的思想品德教育不能融入学生的自觉行为中，不能渗透学生的思想里，不能转化为学生求知的信心。究其原因主要在于以下几个方面。

1. 学校思想品德教育中缺乏人文关怀

学生是独立存在的个体，其思想品德的发展也是一个渐进发展的过程，而道德作为调节人与社会、人与人之间关系的规范，它应是一个人完善自我人格的内在需要。在现代社会，人们的主体地位、权利、人格得到了尊重，人们的自主创新和民主平等意识都在不断增强，人们对于全面、自由、和谐发展的诉求越来越强烈。由此可见，思想品德教育也必然要重视学生的主体性，而目前学校的思想品德教育在很多方面都忽视了学生的主体性要求。在思想品德教育过程中，教师不仅是学生的指导者，也是整个思想品德教育过程中的学习者和组织者。思想品德教育的根本目的在于使学生思想品德水平得以充分、全面地发展，即发展什么，如何发展，应发展到何种程度，如何转变角度以感染学生，给学生更多的人文关怀，这是学校教育育人的根本，也是提高思想品德教育效果的首要前提。若是忽视学生个体的思想品德教育那便是没有价值的，若是离开对学生尊重、关怀和理解的思想品德教育也是徒劳的。因而教师对学生进行思想品德教育的过程中，则需以学生为主体，深入学生的情感世界，对流动家庭子女更应倾注更多的关爱。一个教师的首要职责是尊重并关爱每一个学生，然而在学校，教师总是偏爱品学兼优的学生，这部分学生通常是城市学生，而对于学习基础和行为规范较差的流动家庭子女则监管不到位甚至对他们言辞过激，从而导致流动家庭子女愈发自卑，对学习丧失信心，在此恶性循环中也就无法提高自己的学习成绩和思想道德水平。

2. 学校教育"重智育轻德育"

我国虽然从小学就开设思想品德课程，但却没有收到很好的效果，因为现阶段学校教育对思想品德课程有所忽视。目前我国绝大多数学校都追求高升学率，过分重视学生学习成绩，并作为衡量一个学生好坏的重要指标，而思想品德课程相对于其他课程而言没有统一的量化指标，致使学校首先对其不予重视，甚至出现可有可无的现象，即便是学校开设思想品德教育的相关课程，也没有将思想品德教育和智育相结合，只是徒有形式而无内容而已。陶行知先生认为"真教育是心心相印的活动。唯独从心里发出来的，才能打到心的深处"。而目前学校的这种思想品德教育根本达不到其真正的目的，同时现阶段教师和学生的任务都很繁重，应试的内容已经消耗了他们太多的时间和精力，因而也无心去认真研读这门课程。此外，流动家庭子女属于一个特殊的社会弱势群体，由于不同寻常的生活经历、特殊心理、较弱的学习基础，对于这一群体则更加需要教师的教育和关爱，但教师往往难以对他们倾注更多的耐心和精力，特别是对于他们自卑心理，思想品德行为习惯更是缺乏耐心及持续的引导和帮助，且大多只是留于形式的简单肤浅的说教。另外，思想品德教育具有长期的、效果滞后和潜隐的特点，它在短时间内难以看见明显的效果，就公办学校来说，实行思想品德教育是执行上级部门的方针政策，不管其效果怎样都必须要执行，但对于农民工子弟学校和一些私立学校来说，他们是自主办学，更注重的是学校的利益，而学生思想品德教育相对于其他课程而言，收益率较低，因此倘若没有利益和外力的驱使，只要学生在校期间不出现法律上和道德上的重大问题就行，农民工子弟学校及私立学校便会减少对思想品德教育的投入，更趋向将更多的教育资源投入效益较明显的课程上。

（五）社会因素

随着我国对外开放和经济全球化的不断深入，未成年人的思想受到西方文化的影响，同时国内道德失范现象屡见不鲜，这些都严重阻碍了未成年人的思想品德建设，流动家庭子女也是受影响较大的群体。正如马克思所说"人们的观念，观点和概念，也就是人们的意识，随着人们的生活条件、人们的社会关系、人们的社会存在的改变而改变"。因而在这样复杂的社会大环境下，对流动家庭子女开展教育愈加困难。

1. 舆论环境的影响

所谓舆论环境在此主要指大众传播媒介，以报纸、图书、期刊为主的纸质媒介和以网络、电视、广播为主的电子媒介，这也是影响流动家庭子女思想品德教育不可忽略的因素。我们处在一个信息传输高度便捷的时代，各种信息充斥着人们生活的方方面面，由于未成年人正值行为习惯和思想品德的养成期，他们的人生阅历和是非判断能力及认知水平都远远不足，很容易被外界的不良信息干扰，但现行大众媒介趋于营利和激烈的竞争，内容偏重娱乐化、形式化、低俗化，注重视觉冲击实则华而不实，这些无不给流动家庭子女这样一个涉世未深、知识面较窄、父母疏于管教的群体产生极其不利的思想影响，严重阻碍他们思想品德的形成。此外，虽有一些大众媒介偶尔也在宣扬思想品德来教育未成年人，但大多形式单一、内容枯燥乏味，达不到提升未成年人思想品德素质的作用。同时，近年来大众媒介虽然开始对流动家庭子女进行关注，使这一群体引起了政府和社会的帮扶和支持，但也不乏过分强调和渲染，这在无形中也给这一群体贴上了标签，如学习基础差、行为习惯不良等，这让处在敏感期的流动家庭子女从小就背负起了沉重的心理包袱，让他们在学校里常常遭受城市孩子的排斥和歧视。很多流动家庭子女不敢在同学面前多讲话，害怕别人嘲笑，这样长期下去，极易使他们产生孤僻、自卑、抑郁等心理问题，不利于他们良好思想品德素质的形成。

2. 复杂的社会环境和社会风气的影响

我国著名教育家陶行知先生曾说过"社会即学校，生活即教育"。良好的社会环境在很大程度上能塑造和影响一个人。但流动家庭子女大多数家庭经济状况较差，大多居住在城乡接合部的廉价出租房里，这里环境复杂，治安混乱，社会闲杂人员较多，有网吧、游戏厅、酒吧等各种娱乐场所的大量存在甚至非法经营，无不给这些孩子产生一些影响。此外，一些流存于社会上的不良风气，如崇尚金钱、贪图享乐、自私自利等思想也是有悖于思想品德教育，在这复杂的环境和信息的影响下，使这些本身被城市边缘化的群体更加迷失自己，思想品德教育也变得更加举步维艰。

3. 根深蒂固的"歧农"思想和矛盾心态

受我国长期封建思想和小农经济的影响，农民被土地所束缚，因此使他们形成了落后的、盲目的思想观念。马克思将他们的生活描述为"失掉了尊严的、停滞的、苟安的生活"。然而在我国源远流长的传统文化中也无不透露出一些对农民的贬斥和偏见,如我们熟知的寓言故事"郑人买履""守株待兔""拔苗助长""掩耳盗铃"等,在文化的传承与散播过程中,无形中使人们产生了社会等级观念,这种强烈的文化认同心理,也导致一些人对农民工产生了歧视,加上受利益的驱使,让一些城市居民感到农民工的来临占用了他们的一些机会和资源,破坏了他们安定的治安环境,因此产生诸多的不满和讨厌,由此形成对农民工的鄙视和偏见。同时,又由于需要这一群体,因为城市中最脏、最累的工作仍需要他们,由此而对农民工产生同情,觉得他们很不容易。在这种矛盾的想法中,将使流动家庭子女置于一种更为尴尬的境地。

4. 被标签化的形象

何为标签?根据贝克尔在他的《圈外人》中的解释,"越轨行为是应用规章,法律等对于一个冒犯者标定的结果,所谓有越轨行为者,就是被成功地贴上了这种标签的人"。然而贴标签,这是城市人与流动人口在长期的社会交往中而形成的,它是将市民作为参照体来对流动人口进行衡量。由于城乡经济、文化各方面的长期差异,因此流动人口在着装、谈吐、行为、卫生等方面都和城市居民存在较大的差别,同时加上大多数流动人口进城之后,居住生活在条件较为落后的同类群体聚居区,和城市人缺少交往与沟通。这样便使城市用人单位和部分市民对他们持有偏见和歧视,甚至拒绝或排斥他们融入城市社会。更有甚者,这种观念也被用于流动家庭子女身上,由"区别教育"和推衍出来的"外来务工人员子女学校"及"农民工子弟班"等,区别教育的本质在于针对这一特殊群体的劣势和缺点的教育,实则在一定程度上暗含着一种更深层次的区别,在无形中反而强化了他们对自我身份认知的负面程度,是相对于城市未成年人教育中的优势而言。

第三节 流动儿童心理健康发展的家庭教育对策

教育是实现人的全面发展的需要,是富国强民的根本,国家应重视流动家庭子女的教育问题。目前,我国完善流动家庭子女的教育问题已经取得相应的进展,如何解决好流动家庭子女的教育问题任重而道远,需要我们一代人、甚至几代人的探索和努力,不仅需要国家政策的支持和教育资金的投入,也需要学校的重视和配合,更重要的是流动家庭的努力。家庭教育在流动人口子女教育中无疑是最为关键和基础的。这不仅仅是因为在人口流动中家庭取代个体成员而成为流动人口子女教育问题的发轫,还因为家庭是流动人口子女城市化的初始环境,提供了子女进入城市后的社会化基础条件。

一、关于流动家庭子女的家庭教育问题

近些年来，人们已经逐渐习惯于单身农民工在城里就业。因为他们只提供廉价劳动，来去自由，由于没有子女和家庭的负担，城里人不必担心他们留在城内，和城里人分享城里的公共福利，也不用害怕在城里出现大量的贫民窟。如果将流动人口的子女教育问题解决好了，将会导致大量的流动家庭的整体进入，相应地其住房问题、社会保障和就业问题都会提上议事日程，给城市社会增加巨大的压力，严重挤压了城市居民的生存空间。因此，许多城市人都将流动人口视为洪水猛兽，将流动家庭化视为"外敌入侵"。流动家庭子女教育问题也隐藏着一种可怕的思想："我们可以用他们，但不能让他们在我们的地盘上扎根。"其实，在流动家庭子女教育问题上应该从以下几个方面去正确认识。

第一，要正确认识流动人口也是城市财富的创造者，他们在无法享受城里人各项公共福利的状况下，以极低的成本为城市的企业提供了大量利润，并创造了城市的税收，同时还在很多方面承担各种不公平的费用。因此城市政府有责任有义务来解决流动家庭的子女教育问题，这是政府对于作为纳税人之一的流动人口的正常服务。

第二，要正确认识我国的基本国情，我们是以一部分农民不能享受正常的城镇化进程的代价换取了城市的快速发展。当我们看到农村人自己在花钱办教育，农民工的子女大量失学，而在一部分城市中却盲目地提出教育已经现代化的口号，把大量投资用于提高城市教育的硬件设施，使城里人的子女和农民的子女文化素质的差距日益扩大。这不仅不符合我国的现实国情，还会拉大我国的城乡差距，引发长期的社会矛盾。因此，政府应该对流动家庭子女教育提供政策支持和物质帮助，重视流动家庭子女家庭教育并进行帮助和指导。

第三，不必担心流动家庭会大量地涌入城市，带来城市的不安定。根据研究，流动人口的流动就业行为是完全理性的。如果没有稳定的收入和就业条件，流动人口很难选择拖家带口到处颠沛流离。许多流动人口已经将在外打工挣得的钱在家盖起了比城里人住宅还漂亮得多的楼房，更何况作为中国农民还有一个十分眷恋家园的传统。从某种意义上讲，他们只愿意做一个城市里的匆匆过客，却希望他们的子女永远不要住上农村已经盖好的新楼房。因此，为了家庭，他们更珍惜在城市里的一切工作，为了孩子，他们更迫切地需要给他们良好的教育。

第四，随着城市生育高峰期的消退，适龄上学儿童逐渐减少，原本非常紧张的城市教育资源出现了部分富余。流动家庭子女教育有利于现有城市教育资源的

合理配置，减少了教育资源的浪费。

第五，这是社会进步和社会代价。从社会学的增促社会进步和减缩社会代价的深层理念来看，如果数以万计的孩子不能受到应得的教育特别是良好的家庭教育，社会的协调发展、可持续发展和人的全面发展就不可能真正实现。流动家庭子女家庭教育的好坏是衡量社会代价大小的重要标尺，要减缩社会代价就必须对流动家庭教育问题高度重视。妥善解决这一重要问题，不仅仅是政府各相关职能部门的事情，也是全社会应尽的职责。从另一个角度上说，流动家庭为城市社会进步做出了巨大的贡献，自身却付出了巨大的代价：职业排除、困窘的生活等。如果说这种代价还是我们可以承受的，那么在后代子女教育上付出的代价却是"生命中难以承受之重"。流动家庭牺牲子女的家庭教育，换取一时的经济收入的提高，无疑是一种短期行为。流动家庭子女家庭教育问题是流动家庭为了自身的生存和发展而付出的代价，作为社会代价的一部分，我们不能任其发展，听之任之，必须运用社会力量去关心和重视它，将这个代价减少到最小程度和缩小到最小范围。

二、解决流动儿童家庭教育问题的意义

流动家庭子女由原来生活的地方来到新的城市中，很难迅速适应新的生活环境。他们的生活方式发生了显著的改变，不得不面临新的问题，也就是说，他们原来的社会化正常进程被迫中断。他们离开了原来的学校和班级，离开了原来的同龄朋友，离开了熟悉的社区环境。在流入地，他们势必要经历一个适应和熟悉的过渡过程。在这个过程中，家庭的作用显然是最为重要的。随着户籍制度的逐渐松动，流动家庭呈现出扩大的趋势，其子女家庭教育问题越来越突出。流动家庭同样是城市社会的"细胞"，而流动儿童的家庭教育目前处于主流视野之外是不利于流动家庭自身和城市社会的稳定和发展的。流动家庭子女所受家庭教育的好坏是反映流动人口融入城市社会和分享进步成果的重要标尺，也是城市文明程度和发展水平的重要反映。解决好流动家庭子女家庭教育问题有利于增加城市社会的稳定、流动家庭的稳定以及流动家庭子女素质的提高。在城市，流动家庭子女是一个特殊群体。他们正处于接受教育和发育身体的关键时期，如果能在身心上得到全面健康的发展，将成为有益于社会的建设者。因此，解决好流动子女的家庭教育问题，意义是非常重大的。

首先，解决好流动家庭子女的家庭教育问题，有利于教育对象——流动儿童的健康发展。不重视和加强流动人家庭子女的教育，流动人口聚居地就会成为新一代文盲的滋生地和"再生土壤"。随着社会的发展，人们对教育的认识逐步深

入,教育已不再单纯由学校来完成。实践也证明,单纯的学校教育,其功能与效益都是有限的,家庭和社会在教育中的作用已越来越被人们所认识。尤其是家庭教育在学校、社会、家庭三者整体的综合效益中,它对儿童的发展影响最大。有关调查表明,尽管在流动家庭中,做家长的自身文化水平、整体素质不太高,但并不影响他们对下一代的期望,有70%的流动家庭希望随其流动的子女能有机会成才,至少都期望能强于其自身。从这一点看,城市流动儿童的家庭教育是有其开展的环境的,在城市流动家庭中创造一种良好的家庭教育氛围也才是切实可行的。从目前我国流动家庭整体素质来看,有无这种氛围对流动儿童确实影响巨大。

其次,解决好流动家庭子女的家庭教育问题,可以建立流动人口参与本地经济建设的激励机制,减少和排除流动人口在流入地的各种短期行为。流动家庭子女家庭教育问题的解决好坏直接关系到流动家庭的长期打算,从而增加所在城市的消费和投资,特别是教育消费支出,还可以减少违法犯罪等不稳定因素。流动家庭子女家庭教育问题的化解有利于流动人口的可持续发展,为促进其代际流动和提高其阶层地位奠定了良好的基础。解决好流动家庭子女的家庭教育问题,有利于促进全部家庭成员向城市的迁移以及成员生活方式、价值观念的城市化。

最后,解决好流动家庭子女的家庭教育问题,有助于社会整合和社会进步。良好的家庭教育有利于流动家庭子女提高素质,增加流动家庭及其子女的城市社会适应,减少城乡二元社会结构所带来的巨大张力。与城市本地子女一样,流动儿童同样是祖国的花朵,应该得到关怀、照顾和良好的教育培养。从长远的角度来看,这些外来人口子女最终都长大成人。因此,关注和化解流动家庭子女家庭教育问题,不仅是对这些孩子的健康成长负责,更是对整个社会的协调发展和全面进步负责。否则,今天的教育问题就会变成明天的社会问题。

三、促进流动儿童身心健康发展的对策

流动家庭子女教育问题是受多方面多种因素影响的,但流动家庭自身原因才是影响流动家庭子女教育问题不断完善和解决的内在因素,因此,流动家庭自身的努力对流动儿童的教育至关重要。

(一)优化家庭环境

当今社会,"不能让孩子输在起点上"已经成为家长们共同的目标,尤其是大城市的家长们,从小就给孩子报各种学习班,势必要把孩子培养得多才多艺,名列前茅。与城市的家庭相比,流动家庭家长微薄的收入不足以在这方面对孩子提供物质上的支持,但这并不影响为流动儿童提供良好的学习和成长环境。家庭

环境对子女健康性格的形成至关重要。因此营造良好的家庭环境是必不可少的。

作为家长，要做到互敬互爱，互谅互让，保持恩爱的夫妻关系。无论是传统型家庭，还是互助型家庭或依存型家庭，夫妻之间在生活和工作上都应该是亲密的关系，在营造家庭经济共同体时，绝不能忽视家庭精神共同体的建设。

父母与邻里之间和平共处，互帮互助，建立良好的邻里关系，引导和鼓励子女加强与同龄群体的交往，不要限制孩子外出和接触社区生活。

父母对子女要平等相待，多一分体贴，少一些训斥，多一分爱护，少一些冷淡，多一分理解，少一些专横，既不能动辄严厉惩罚，也不能过分溺爱和保护。

在流动家庭中，大部分孩子一般要帮助父母承担一定的家务劳动甚至生产劳动，如帮父母做饭、守摊点、值班等。针对此特点，家长可有针对性地开展劳动教育，动员子女做好自己的事情之后，帮大人做一些力所能及的事情，父母多参加一些公益活动，给孩子树立正确的劳动观念。反过来，子女要对父母的职业持正确的看法，明白父母就业过程中的艰辛。

虽然逆境可以磨炼人的意志，但是对于未成年的儿童来说，相对舒适、安静的环境还是十分必要的，流动家庭家长应该尽量为子女提供一个相对舒适、安静的学习环境。流动家庭大多生活在郊区，交通不便、居住环境差，而在如此艰苦的条件下家长都努力为孩子创造好的学习环境，这会使孩子看到父母对他们教育的重视，在心里形成对父母的感激，从而更加发奋努力。政府和社会应大力开展社区服务，在流动人口聚居的地方建立青少年活动场所，为流动家庭提供接送小孩、提供放心小食堂等便民服务，投资建立社区图书室和活动室。在做好普遍教育指导的同时，我们还要在现有基础上，以研究、咨询机构为主体，广泛吸纳受过专门训练的志愿工作者，逐步建立和完善集诊断、治疗、咨询、指导、救助功能为一体的家庭服务体系，为流动人口子女家庭教育提供全方位的社区服务。

（二）提高父母自身素质

父母的自身素质和教育方式直接影响孩子的成长。解决好流动家庭子女的教育问题与流动家庭父母自身素质的提高密不可分。多数的流动家庭父母只有初中、高中的文化程度，受自身文化素质的制约，流动家庭父母很难选择理性和科学的教育方式，坚持专制的父母作风，信奉"棍棒教育"，欠缺教育子女的文化素养。因此，提高流动家庭父母的自身素质、转变教育观念迫在眉睫。

第一，将流动家庭教育纳入社区管理和社区服务的网络之中，建立家庭教育的社区支持体系。在子女教育问题上，流动家庭父母由于自身文化素质的限制、教育观念和技能的缺乏等原因，需要社区组织及社区工作者的指导和帮助。将流动儿童的父母教育一律纳入社区家庭教育工作范围，并作为一项家庭教育工作考核指标切实抓好。充分利用社区教育资源，建设社区家庭教育指导中心，构建社区指导家庭教育工作机制，营造家庭教育工作的良好空间，改善流动家庭教育。

第二，开办流动家庭父母学校，大力推进社区家庭教育。流动家庭家长学校作为社区教育的一种正式组织形式，有助于改善当前流动家庭教育中存在的许多盲点和缺陷；有助于提高流动家庭的家庭责任感和社会责任感，使流动家庭家长清醒地认识到为人父母的家庭责任，履行社会道德规范和养育子女的职责；有助于提高家长的文化素质、道德水平以及家庭教育素质。流动人口家长学校的教育应该重点抓家庭教育观念的转变和教育方法与技能的培训，改变流动人口在家庭教育上的随意性、盲目性。对在校学生家长，除参加家长学校活动外，应给予特别的关注。尤其是流动家庭子女较为集中的学校，要有针对性地对他们实施教育，帮助他们解决子女教育中的困难和问题。有条件的社区，还可以利用辖区内学校的师资力量和教学设施，定期或不定期开展家庭教育培训，将在校流动儿童的社会教育、学校教育和家庭教育有机结合在一起。

第三，加强对流动家庭家长的继续教育。从我国流动人口的年龄及文化程度来看，高中以下文化程度的占多数，且仍有一定比重的文盲或半文盲。他们自身就需要教育和学习，特别是职业指导和技能培训。根据流动人口的年龄构成主要是18～35岁的特点，而且多数人受过初中教育，正是职业教育和成人教育的主要对象。因此，大力发展职业教育和成人教育是提高流动人口文化素质的途径。加强流动家庭家长的继续教育，有利于提高流动人口在城市的生存能力，有助于改善家庭生活水平和减少家庭问题，从而给子女家庭教育提供良好的客观环境。

第四，想要提高流动家庭自身的素质，最为简单易行的办法就是找时间多读书，养成多读书、多看报，关注时事新闻的好习惯。父母通过阅读能够开阔视野，丰富自身内涵，使他们自己从思想上认识到知识改变命运的重要性。父母涵养的提升可以使自己在子女心中树立良好的家长形象。流动家庭家长不被城市原住民所接受的一个重要原因是因为部分流动人口身上时常有不文明的行为发生，而这种不文明行为极容易被流动儿童效仿。因此，流动家庭家长必须杜绝自身的不文明行为，提高自身的文明礼貌程度，这样不仅能够为自己赢得他人的尊重，更能够为自己的孩子做出一个好榜样。另外，流动家庭家长要向子女展示出诚实守信的好品质，言出必行，尤其要对子女信守承诺，让自己的言行对子女起到表率作用。健康的生活习惯对子女尤为重要，流动家庭家长应该养成良好的生活习惯，努力做到不抽烟酗酒，按时作息，这样才能有助于家庭成员工作效率和学习效率的提升。

（三）配合学校教育

教育是国民经济的基础，是国家发展的重中之重。对未成年儿童的教育主要包括学校教育和家庭教育，二者相辅相成，互相促进，缺一不可。而现今一些城市的公立学校不愿意接受流动家庭子女的一个原因就是学校和教师认为流动家庭家长很难沟通，一些流动家庭家长认为自己把孩子送去学校就已经完成任务了，这种想法是错误的。

作为家长，和学校的沟通是必不可少的。首先，流动家庭家长要尽可能地多了解自己子女的自身特点，对子女不苛求，不强制，要主动和子女探讨学校的学习情况，了解教师的教育方式和对学生的关爱情况。其次，流动家庭家长应该积极主动和教师保持联系，了解自己子女在学校的真实情况，尽量不要因为工作忙以及各种其他理由拒绝参加家长会，要有耐心地主动和教师交流，多向教师询问对子女的教育方法，充分表现出身为家长所应有的责任心。最后，要积极配合学校的各项工作，不违背学校的各项规定，和学校的教师一起，教育子女"无规矩不成方圆"的道理。当孩子学习困难或犯错误的时候，要和教师协调一致，奖惩分明，不能一味地用农村落后思想来管制自己的子女，以防止他们自卑、脆弱的情绪蔓延，对子女既不能包庇纵容，也不能动不动就拳脚相加。

（四）注重子女心理健康

随着经济和社会的快速发展，人们面临的生活压力越来越大，伴随而来的是人们的心理问题日趋严重。在当今社会，单一的身体健康已经不能称得上是健康的人，衡量一个人健康与否的标准已经变成是否身体和心理都处于健康状态。流动家庭子女要改变原来的生活方式来融入城市生活心理负担较重，更容易出现各种心理问题，对子女的心理健康教育是流动家庭父母不容忽视的一项重要课题。

流动家庭父母要树立正确的教育观，采取民主、平等的科学教育方式。多向有教育经验的人请教正确的教育方法。摒弃传统的"家长制"教育观念，学会尊重自己的子女，了解子女的需求。同时，也要给子女一定的自由发展空间，不能一味地用农村落后思想来束缚自己的子女，要尽可能地多了解自己的孩子，多多关心孩子内心的想法，帮助他们树立坚强自信的品格。流动家庭父母做到"因材施教"，要根据子女自身的特点调整教育方式方法。当孩子在学习和生活上遇到困难的时候，要鼓励子女勇往直前。当孩子取得成绩和进步时，不能吝惜对子女的赞美和肯定。要创造和谐温馨的家庭氛围，让孩子能够用健康的心理状态去面对和战胜生活中的各种困难。

（五）加强相关法律建设

首先，政府应制定颁布家庭教育大纲，将流动家庭教育纳入规范有序运行体系。教育大纲主要包括家庭规范、家庭教育义务、家庭教育内容、教育方法，具体监督和落实大纲的部门以及对虐待孩子、放纵孩子作恶、失职的家长予以处罚和约束等内容。如果每个家庭都按照教育大纲来进行家庭教育，调节好家庭生活、家庭关系，特别是心理关系，形成良好的家庭氛围，那么青少年的生理和心理将会得到均衡地发展，将会切实有效地预防犯罪心理的形成。其次，在流动家庭中要大力宣传《未成年人保护法》和《预防未成年人犯罪法》。《未成年人保护法》和《预防未成年人犯罪法》是保护青少年健康成长的两个基本法律。未成年人从法律角度上看属于限制行为能力人和无行为能力人，但是它与成年人一样享有完全的权利能力，其人身权、人格权、荣誉权、名誉权、财产权、受教育权、休息权、通信自由权和言论自由权等，均受法律保护，任何人，包括未成人的父母和其他监护人未经法律许可，不得侵犯其合法权益。但是，许多父母并没意识到这一点，有的偷看、私截子女的信件；有的强迫子女按照自己的意愿行事；有的任意辱骂子女，甚至禁闭、关押子女等，所有这些都严重地侵犯了子女的合法权益，所以应大力宣传《未成年人保护法》，以改变家长的教育观念。同时要加大《预防未成年人犯罪法》的宣传力度，家庭教育与预防流动少年儿童犯罪有机结合起来。最后，除了抓紧《义务教育法》《流动儿童少年就学暂行办法》等法律的贯彻实施外，还应该在全国范围继续推进户籍制度改革，特别是大城市的户籍制度改革。作为长期目标，我们还应该抓紧宪法的修改工作，保障公民的迁徙自由。只有进行户籍制度改革，修改宪法赋予公民迁徙自由的权利，才能从根本上为保护流动人口平等权利提供法律保障，才能真正保障流动儿童的受教育和保护的权利。

（六）建立家庭、社会和制度三者之间的协调机制

解决流动家庭子女家庭教育问题，必须建立家庭环境、社会环境、制度环境三者之间的协调机制。首先要重视流动家庭环境的建设，为流动家庭子女家庭教育奠定良好的基础。其次要为流动家庭教育提供良好的社会环境。提高全社会对流动家庭子女家庭教育的关注程度，把流动家庭子女家庭教育工作同创建文明社区活动、市民道德教育、家庭文化建设活动和全面实施素质教育结合起来，构建学校、家庭、社会三结合的社会化德育体系。发挥学校、家庭、社会各自的教育优势，充分利用社会资源，形成教育合力，促进学校教育、家庭教育、社会教育一体化。可编写分别针对流动家庭家长和子女的家庭教育手册，指导流动家庭教

育的顺利进行。在流动家庭中，扩大家庭教育宣传覆盖面，提高家庭教育知识的掌握程度，帮助家长树立正确的育儿观；充实家庭教育指导队伍，加强新时期家庭教育工作研究及分类指导；建立多元化的家长学校办学体制，提高办校水平和质量；努力构建社会化家庭教育工作格局，优化社会育人环境，全面推进城市家庭教育工作整体水平的提高。解决如此众多的流动儿童的家庭教育问题，不仅仅涉及流动家庭本身，还涉及学校、社区以及政府部门的共同努力。最后在家庭教育问题上，流动家庭由于要面临巨大的生存竞争压力，同时在自身文化程度上有相当程度的局限，作为纯粹的家庭的"私力救济"是远远不能有效解决这些问题的。家庭教育问题还需要政府、社会与家庭的共同努力，高度关注和重视家庭教育，将家庭教育放在与学校教育和社会教育并重的地位上，形成三位一体的教育体系。

参考文献

[1] 罗静,王薇,高文斌. 中国留守儿童研究述评 [J]. 心理科学进展,2009 (05):990-995.

[2] 潘璐,叶敬忠. 农村留守儿童研究综述 [J]. 中国农业大学学报(社会科学版),2009 (02):5-17.

[3] 程方生. 农村留守儿童教育问题的调查与思考——江西的案例 [J]. 教育学术月刊,2008 (06):37-39.

[4] 高中建,孟利艳. 论农村留守儿童价值观念的培养 [J]. 青少年学刊,2008 (01):4-5.

[5] 高文斌,王毅,王文忠,等. 农村留守学生的社会支持和校园人际关系 [J]. 中国心理卫生杂志,2007 (11):791-794.

[6] 刘霞,范兴华,申继亮. 初中留守儿童社会支持与问题行为的关系 [J]. 心理发展与教育,2007 (03):98-102.

[7] 张德乾. 农村留守儿童交往问题的实证研究 [J]. 安徽农业科学,2007 (12):3714-3715.

[8] 林培淼,袁爱玲. 全国留守儿童究竟有多少——"留守儿童"的概念研究 [J]. 现代教育论丛,2007 (04):27-31.

[9] 李洪玉,尹红新. 儿童元认知发展的研究综述 [J]. 心理与行为研究,2004 (01):383-387.

[10] 张晓龙,宋耀武. 心理理论的概念、研究进展与展望 [J]. 河北大学学报(哲学社会科学版),2003 (04):21-24.

[11] 李燕燕,桑标. 影响儿童心理理论发展的家庭因素 [J]. 心理科学,2003 (06):1108-1109.

[12] 陈寒,胡克祖. 心理理论研究的理论整合及其发展述评 [J]. 辽宁师范大学学报,2003 (05):64-68.